高等学校化学类课程系列教材

U0803601

物理化学实验

主　编　郑桂富　曾小剑

合肥工业大学出版社

图书在版编目(CIP)数据

物理化学实验/郑桂富,曾小剑编著．—合肥:合肥工业大学出版社,2010.10(2019.8 重印)

ISBN 978-7-5650-0290-8

Ⅰ.①物… Ⅱ.①郑…②曾… Ⅲ.①物理化学—化学实验—高等学校—教材 Ⅳ.①064-33

中国版本图书馆 CIP 数据核字(2010)第 194809 号

物理化学实验

郑桂富　曾小剑　编著　　　　责任编辑　吴毅明

出　版	合肥工业大学出版社	版　次	2010 年 10 月第 1 版
地　址	合肥市屯溪路 193 号	印　次	2019 年 8 月第 5 次印刷
邮　编	230009	开　本	710 毫米×1000 毫米　1/16
电　话	总　编　室:0551-62903038	印　张	7.25
	市场营销部:0551-62903198	字　数	129 千字
网　址	www.hfutpress.com.cn	印　刷	安徽联众印刷有限公司
E-mail	hfutpress@163.com	发　行	全国新华书店

ISBN 978-7-5650-0290-8　　　　定价:18.00 元

前　　言

本书是在蚌埠学院2005年编写的“物理化学实验讲义”基础上，根据本校实验设备条件，参考了国内外一些“物理化学实验”教材，经过实践教学，对内容经过修改、补充编写而成的。

全书分为基础知识、实验、附录3个部分。基础知识较为系统和详细地介绍了物理化学实验的目的要求、物理化学实验中的误差、数据的记录和处理等。实验包括化学热力学、电化学、化学动力学、表面性质四个方面的内容共12项。实验内容多选取多数院校沿用至今的经典实验，同时紧跟近年来物理化学实验教学方法和教学设备上的发展，结合多年的教学实践经验，对有些实验内容做了必要的改进，使得教材既有科学性，更具实用性。按教学大纲的要求，学生可以选做其中的实验。附录介绍了物理化学实验中一些常用的仪器和测量方法，收集了化学实验所需的常用数据表，便于查阅使用。本书可作为高等师范院校的化学、化工类专业以及相关专业的本科生学习物理化学的实验教材，同时适合于高职、高专院校相关专业使用，也可供从事化学科学研究的人员、化学专业技术人员以及与化学密切相关的交叉学科的研究人员参考使用。

参加本书编写的有郑桂富、曾小剑、常小梅等同志。本书在编写过程中，参考了许多优秀教材的内容，因参考教材较多，在此就不一一列举了(详见参考文献)，谨向这些优秀教材的作者致以诚挚的谢意！

由于编者水平有限，书中错误和不当之处在所难免，希望使用本书的教师和学生多提宝贵意见，以便今后进一步修改和提高。

编　者

2010年9月

目　　录

物理化学实验的基础知识

物理化学实验目的和要求

一、实验目的

(1)掌握物理化学实验的基本实验方法和实验技术,学会常用仪器的操作;了解近代大中型仪器在物理化学实验中的应用,培养学生的动手能力。

(2)通过实验操作、现象观察和数据处理,锻炼学生分析问题、解决问题的能力。

(3)加深对物理化学基本原理的理解,给学生提供理论联系实际和理论应用于实践的机会。

(4)培养学生实事求是的科学态度,严肃认真、一丝不苟的科学作风。

二、基础实验要求

1. 实验预习

进实验室之前必须仔细阅读实验内容及基础知识与技术部分的相关资料,明确本次实验中采用的实验方法及仪器、实验条件和测定的物理量等,在此基础上写出预习报告,包括实验目的、简要操作步骤、实验注意事项及数据记录表等。

进入实验室后首先要核对仪器与药品,查看是否完好备齐,发现问题及时向指导教师提出,然后对照仪器进一步预习,并接受教师的提问、讲解,在教师指导下做好实验准备工作。

2. 实验操作

经指导教师同意后方可进行实验。仪器的使用要严格按照操作规程进行,不可盲动;对于实验操作步骤,通过预习应心中有数,严禁"抓中药"式的操作(看一看书,动一动手)。实验过程中要仔细观察实验现象,发现异常现象应仔细查明原因,或请教指导教师帮助分析处理。实验结果必须经教师检查,数据不合格的应重做,直至获得满意结果。要养成良好的记录习惯,即根据仪器的精度,把原始数据详细、准确、实事求是地记录在预习报告上。数据记录尽量采用表格形式,做到整洁、清楚,不随意涂改。实验完毕后,应清洗、核对仪器,经指导教师同意后,方可离开实验室。

3. 实验报告

学生应在规定时间内独立完成实验报告，及时送指导教师批阅。实验报告的内容包括实验目的、简明原理、简单操作步骤及流程图、原始数据、数据处理、结果讨论和思考题等。数据处理应有处理步骤，而不是只列出处理结果。结果讨论应包括对实验现象的分析解释、查阅文献的情况、对实验结果误差的定性分析或定量计算、实验的心得体会及对实验的改进意见等。结果讨论是实验报告中的重要一项，可以锻炼学生分析问题的能力。

三、设计型实验

设计型实验不是基础实验的重复，而是基础实验的提高和深化。它是在教师的指导下，学生自主选择实验的课题，应用已经学过的物理化学实验原理、方法和技术等，查阅文献资料，独立设计实验方案，选择合理的仪器设备，组装实验装置，进行独立的实验操作，并以科学论文的形式写出实验报告。由于物理化学实验与科学研究之间在设计思路、测量原理和方法上有许多相似性，因而对学生进行设计型实验的训练、全面地提高他们的实验技能和综合素质、初步培养科学研究的能力是非常重要的。

1. 设计实验的程序

(1)选题　在教材提供的设计型实验题目中选择自己感兴趣的题目，或者自己确定实验题目。

(2)查阅文献　查阅包括实验原理、实验方法、仪器装置等方面的文献，对不同方法进行对比、综合、归纳等。

(3)设计方案　设计方案应包括实验装置示意图、详细的实验步骤、所需的仪器、药品清单等。

(4)可行性论证　在实验开始前一周进行实验可行性论证，请老师和同学提出存在的问题，优化实验方案。

(5)实验准备　提前一周到实验室进行实验仪器、药品等的准备工作。

(6)实验实施　实验过程中注意随时观察实验现象，考察影响因素等，反复进行实验直到成功。

(7)数据处理　综合处理实验数据，进行误差分析，按论文的形式写出有一定见解的实验报告并进行交流答辩。

2. 设计实验的要求

学生必须自己设计实验、组合仪器并完成实验，以培养综合运用化学实验技能和所学的基础知识解决实际问题的能力。

物理化学实验室安全知识

在化学实验室里，安全是非常重要的，它常常潜藏着诸如发生爆炸、着火、中毒、灼伤、割伤、触电等事故的危险性。如何防止这些事故的发生以及万一发生如何来急救，都是每一个化学实验工作者必须具备的素质。这些内容在先行的化学实验课中均已反复地作了介绍。本节主要结合物理化学实验的特点介绍安全用电常识及使用化学药品的安全防护等知识。

一、安全用电常识

物理化学实验使用电器较多，特别要注意用电安全。表 0-1 给出了 50Hz 交流电在不同电流强度时通过人体产生的反应情况。

表 0-1　通过不同电流强度时的人体反应

电流强度/mA	1～10	10～25	25～100	100 以上
人体反应	麻木感	肌肉强烈收缩	呼吸困难，甚至停止呼吸	心脏心室纤维性颤动，死亡

违章用电可能造成仪器设备损坏、火灾，甚至人身伤亡等严重事故。为了保障人身安全，一定要遵守安全用电规则。

1. 防止触电

不用潮湿的手接触电器。一切电源裸露部分应有绝缘装置，所有电器的金属外壳都应接上地线。

实验时，应先连接好电路再接通电源；修理或安装电器时，应先切断电源；实验结束时，先切断电源再拆线路。

不能用试电笔去试高压电。使用高压电源应有专门的防护措施。如有人触电，首先应迅速切断电源，然后进行抢救。

2. 防止发生火灾及短路

电线的安全通电量应大于用电功率；使用的保险丝要与实验室允许的用电量相符。

室内若有氢气、煤气等易燃易爆气体，应避免产生电火花。继电器工作时、电器接触点接触不良时及开关电闸时易产生电火花，要特别小心。

如遇电线起火，立即切断电源，用沙或二氧化碳、四氯化碳灭火器灭火，禁止用水或泡沫灭火器等导电液体灭火。

电线、电器不要被水淋湿或浸在导电液体中；线路中各接点应牢固，电路元件两端接头不要互相接触，以防短路。

3. 电器仪表的安全使用

使用前先了解电器仪表要求使用的电源是交流电还是直流电，是三相电还是单相电以及电压的大小（如380V、220V、6V）。须弄清电器功率是否符合要求及直流电器仪表的正、负极。

仪表量程应大于待测量。待测量大小不明时，应从最大量程开始测量。

实验前要检查线路连接是否正确，经教师检查同意后方可接通电源。

在使用过程中如发现异常，如不正常声响、局部温度升高或嗅到焦味，应立即切断电源，并报告教师进行检查。

二、使用化学药品的安全防护

1. 防毒

实验前，应了解所用药品的毒性及防护措施。操作有毒性化学药品应在通风橱内进行，避免与皮肤接触；剧毒药品应妥善保管并小心使用。不要在实验室内喝水、吃东西；离开实验室时要洗净双手。

2. 防爆

可燃气体与空气的混合物在比例处于爆炸极限时，受到热源（如电火花）诱发将会引起爆炸。一些气体的爆炸极限见表0-2。

表0-2　与空气相混合的某些气体的爆炸极限（20℃，101325Pa）

气体	爆炸高限/体积%	爆炸低限/体积%	气体	爆炸高限/体积%	爆炸低限/体积%
氢	74.2	4.0	醋酸	——	4.1
乙烯	28.6	2.8	乙酸乙酯	11.4	2.2
乙炔	80.0	2.5	一氧化碳	74.2	12.5
苯	6.8	1.4	水煤气	72	7.0
乙醇	19.0	3.3	煤气	32	5.3
乙醚	36.5	1.9	氨	27.0	15.5
丙酮	12.8	2.6			

因此使用时要尽量防止可燃性气体逸出，保持室内通风良好；操作大量可燃性气体时，严禁使用明火和可能产生电火花的电器，并防止其他物品撞击产生火花。

另外，有些药品如乙炔银、过氧化物等受震或受热易引起爆炸，使用时要特别小心；严禁将强氧化剂和强还原剂放在一起；久藏的乙醚使用前应除去其中可能产生的过氧化物；进行易发生爆炸的实验，应有防爆措施。

3. 防火

许多有机溶剂如乙醚、丙酮等非常容易燃烧，使用时室内不能有明火、电火花等。用后要及时回收处理，不可倒入下水道，以免聚集引起火灾。实验室内不可存放过多这类药品。

另外，有些物质如磷、金属钠及比表面很大的金属粉末（如铁、铝等）易氧化自燃，在保存和使用时要特别小心。

实验室一旦着火不要惊慌，应根据情况选择不同的灭火剂进行灭火。以下几种情况不能用水灭火：

（1）有金属钠、钾、镁、铝粉、电石、过氧化钠等时，应用干沙等灭火。

（2）密度比水小的易燃液体着火，采用泡沫灭火器。

（3）有灼烧的金属或熔融物的地方着火时，应用干沙或干粉灭火器。

（4）电器设备或带电系统着火，用二氧化碳或四氯化碳灭火器。

4. 防灼伤

强酸、强碱、强氧化剂、溴、磷、钠、钾、苯酚、冰醋酸等都会腐蚀皮肤，特别要防止溅入眼内。液氧、液氮等低温时也会严重灼伤皮肤，使用时要小心。万一灼伤应及时治疗。

三、汞的安全使用

汞中毒分急性和慢性两种。急性中毒多为高汞盐（如 $HgCl_2$）入口所致，0.1～0.3g 即可致死。吸入汞蒸气会引起慢性中毒，症状为食欲不振、恶心、便秘、贫血、骨骼和关节疼痛、精神衰弱等。汞蒸气的最大安全浓度为 $0.1mg/m^3$，而 20℃时汞的饱和蒸气压约为 0.16Pa，超过安全浓度 130 倍。所以使用汞必须严格遵守下列操作规定：

（1）储汞的容器要用厚壁玻璃器皿或瓷器，在汞面上加盖一层水，避免直接暴露于空气中，同时应放置在远离热源的地方。一切转移汞的操作，应在装有水的浅瓷盘内进行。

（2）装汞的仪器下面一律放置浅瓷盘，防止汞滴散落到桌面或地面上。万一有汞掉落，要先用吸汞管尽可能将汞珠收集起来，然后把硫磺粉撒在汞溅落的地方，并摩擦使之生成 HgS，也可用 $KMnO_4$ 溶液使其氧化。擦过汞的滤纸等必须放在有水的瓷缸内。

（3）使用汞的实验室应有良好的通风设备；手上若有伤口，切勿接触汞。

物理化学实验中的误差及数据的表达

由于实验方法的可靠程度，所用仪器的精密度和实验者感官的限度等各方面条件的限制，使得一切测量均带有误差——测量值与真值之差。因此，必须对误差产生的原因及其规律进行研究，方可在合理的人力物力支出条件下，获得可靠的实验结果，再通过实验数据的列表、作图、建立数学关系式等处理步骤，使实验结果变为有参考价值的资料，这在科学研究中是必不可少的。

一、误差的分类

误差按其性质可分为如下三种：

1. 系统误差（恒定误差）

系统误差是指在相同条件下，多次测量同一物理量时，误差的绝对值和符号保持恒定，或在条件改变时，按某一确定规律变化的误差，产生的原因有：

(1)实验方法方面的缺陷，例如使用了近似公式。

(2)仪器药品的不良，如电表零点偏差、温度计刻度不准、药品纯度不高等。

(3)操作者的不良习惯，如观察视线偏高或偏低。

(4)改变实验条件可以发现系统误差的存在，针对产生原因可采取措施将其消除。

2. 过失误差（或粗差）

这是一种明显歪曲实验结果的误差。它无规律可循，是由操作者读错、记错所致，只要加强责任心，此类误差可以避免。发现有此种误差产生，所得数据应予以剔除。

3. 偶然误差（随机误差）

在相同条件下多次测量同一量时，误差的绝对值时大时小，符号时正时负，但随测量次数的增加，其平均值趋近于零，即具有抵偿性，此类误差称为偶然误差。它产生的原因并不确定，一般是由环境条件的改变（如大气压、温度的波动）、操作者感官分辨能力的限制（例如对仪器最小分度以内的读数难以读准确等）所致。

二、测量的准确度与测量的精密度

准确度是指测量结果的准确性，即测量结果偏离真值的程度。而真值是指用已消除系统误差的实验手段和方法进行足够多次的测量所得的算术平均值或者文献手册中的公认值。

精密度是指测量结果的可重复性及测量值有效数字的位数。因此测量的准确度和精密度是有区别的，高精密度不一定能保证有高准确度，但高准确度必须有高精密度来保证。

三、误差的表达方法

1. 误差一般用以下三种方法表达：

① 平均误差 $\delta=\frac{\sum|d_i|}{n}$，其中 d_i 为测量值 x_i 与算术平均值 $\bar{x}$ 之差，n 为测量次数，且 $\bar{x}=\frac{\sum x_i}{n}$，$i=1,2,\cdots,n$。以下同上。

② 标准误差（或称均方根误差）$\sigma=\sqrt{\frac{\sum d_i^2}{n-1}}$。

③ 或然误差 $P=0.675\sigma$。

平均误差的优点是计算简便，但用这种误差表示时，可能会把质量不高的测量值掩盖住。标准误差对一组测量中的较大误差或较小误差感觉比较灵敏，因此它是表示精密度的较好方法，在近代科学中多采用标准误差。

2. 为了表达测量的精密度，可采用绝对误差、相对误差两种表达方法。

① 绝对误差 它表示测量值与真值的接近程度，即测量的准确度。其表示法为 $\bar{x}\pm\delta$ 或 $\bar{x}\pm\sigma$，其中 δ 和 σ 分别为平均误差和标准误差，一般以一位数字（最多两位）表示。

② 相对误差 它表示测量值的精密度，即各次测量值相互靠近的程度。其表示法为

$$\text{平均相对误差}=\pm\frac{\delta}{\bar{x}}\times100\%$$

$$\text{标准相对误差}=\pm\frac{\sigma}{\bar{x}}\times100\%$$

四、偶然误差的统计规律和可疑值的舍弃

偶然误差符合正态分布规律，即正、负误差具有对称性。所以，只要测量次数足够多，在消除了系统误差和粗差的前提下，测量值的算术平均值趋近于真值。

$$\lim_{n\to\infty}\bar{x}=x_{\text{真}}$$

但是,一般测量次数不可能有无限多次,所以一般测量值的算术平均值也不等于真值。于是人们又常把测量值与算术平均值之差称为偏差,常与误差混用。

如果以误差出现次数 N 对标准误差的数值 σ 作图,得一对称曲线(见图0-1)。统计结果表明测量结果的偏差大于 3σ 的概率不大于 0.3%。因此根据小概率定理,凡误差大于 3σ 的点,均可以作为粗差剔除。严格地说,这是指测量达到一百次以上时方可如此处理,粗略地用于 15 次以上的测量。对于 10～15 次时可用 2σ,若测量次数再少,应酌情递减。

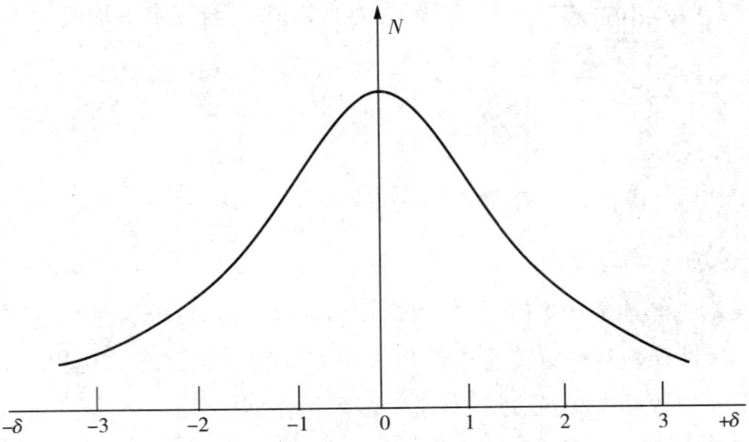

图 0-1　正态分布误差曲线

五、误差传递——间接测量结果的误差计算

测量分为直接测量和间接测量两种,一切简单易得的量均可直接测量得出,如用米尺量物体的长度,用温度计测量体系的温度等。对于较复杂不易直接测得的量,可通过直接测定简单量,而后按照一定的函数关系将它们计算出来。例如在溶解热实验中,测得温度变化 ΔT 和样品重量 W,代入公式 $\Delta H_{\mathrm{m}}=C\Delta T\dfrac{M}{W}$,就可求出溶解热 ΔH_{m},从而使直接测量值 T、W 的误差传递给 ΔH_{m}。

误差传递符合一定的基本公式。通过间接测量结果误差的求算,可以知道哪个直接测量值的误差对间接测量结果影响最大,从而可以有针对性地提高测量仪器的精度,获得好的结果。

1. 间接测量结果的平均误差和相对平均误差的计算

设有函数 $u=F(x,y)$,其中 x、y 为可以直接测量的量。则

$$du=\left(\frac{\partial u}{\partial x}\right)_y dx+\left(\frac{\partial u}{\partial y}\right)_x dy$$

此为误差传递的基本公式。若 Δu、Δx、Δy 为 u、x、y 的测量误差，且设它们足够小，可以代替 du、dx、dy，则得到具体的简单函数及其误差的计算公式，见表0-3。

表 0-3　部分函数的平均误差

函数关系	绝对误差	相对误差
$y=x_1+x_2$	$\pm(\|\Delta x_1\|+\|\Delta x_2\|)$	$\pm\left(\frac{\|\Delta x_1\|}{x_1}+\frac{\|\Delta x_2\|}{x_2}\right)$
$y=x_1-x_2$	$\pm(\|\Delta x_1\|+\|\Delta x_2\|)$	$\pm\left(\frac{\|\Delta x_1\|+\|\Delta x_2\|}{x_1+x_2}\right)$
$y=x_1x_2$	$\pm(x_1\|\Delta x_2\|+x_2\|\Delta x_1\|)$	$\pm\left(\frac{\|\Delta x_1\|}{x_1}+\frac{\|\Delta x_2\|}{x_2}\right)$
$y=x_1/x_2$	$\pm\left(\frac{x_1\|\Delta x_2\|+x_2\|\Delta x_1\|}{x_2^2}\right)$	$\pm\left(\frac{\|\Delta x\|}{x_1}+\frac{\|\Delta x_2\|}{x_2}\right)$
$y=x^n$	$\pm(nx^{n-1}\Delta x)$	$\pm\left(n\frac{\Delta x}{x}\right)$
$y=\ln x$	$\pm\left(\frac{\Delta x}{x}\right)$	$\pm\left(\frac{\|\Delta x\|}{x\ln x}\right)$

例如计算函数 $x=\frac{8LRP}{\pi(m-m_0)rd^2}$ 的误差，其中 L、R、P、m、r、d 为直接测量值。

对上式取对数：$\ln x=\ln 8+\ln L+\ln R+\ln P-\ln\pi-\ln(m-m_0)-\ln r-2\ln d$

微分得：$\frac{dx}{x}=\frac{dL}{L}+\frac{dR}{R}+\frac{dP}{P}-\frac{d(m-m_0)}{m-m_0}-\frac{dr}{r}-\frac{2d(d)}{d}$

考虑到误差积累，对每一项取绝对值得：

相对误差：$\frac{\Delta x}{x}=\pm\left(\frac{\Delta L}{L}+\frac{\Delta R}{R}+\frac{\Delta P}{P}+\frac{\Delta(m-m_0)}{m-m_0}+\frac{\Delta r}{r}+\frac{2\Delta d}{d}\right)$

绝对误差：$\Delta x=\left(\frac{\Delta x}{x}\right)\cdot\frac{8LRP}{\pi(m-m_0)rd^2}$

根据 $\frac{\Delta L}{L}$、$\frac{\Delta R}{R}$、$\frac{\Delta P}{P}$、$\frac{\Delta(m-m_0)}{m-m_0}$、$\frac{\Delta r}{r}$、$\frac{2\Delta d}{d}$ 各项的大小，可以判断间接测量值 x 的最大误差来源。

2. 间接测量结果的标准误差计算

若 $u=F(x,y)$，则函数 u 的标准误差为

$$\sigma_u=\sqrt{\left(\frac{\partial u}{\partial x}\right)^2\sigma_x^2+\left(\frac{\partial u}{\partial y}\right)^2\sigma_y^2}$$

部分函数的标准误差见表 0-4。

表 0-4　部分函数的标准误差

函数关系	绝对误差	相对误差
$u=x\pm y$	$\pm\sqrt{\sigma_x^2+\sigma_y^2}$	$\pm\frac{1}{\lvert x\pm y\rvert}\sqrt{\sigma_x^2+\sigma_y^2}$
$u=xy$	$\pm\sqrt{y^2\cdot\sigma_x^2+x^2\cdot\sigma_y^2}$	$\pm\sqrt{\frac{\sigma_x^2}{x^2}+\frac{\sigma_y^2}{y^2}}$
$u=\frac{x}{y}$	$\pm\frac{1}{y}\sqrt{\sigma_x^2+\frac{x^2}{y^2}\sigma_y^2}$	$\pm\sqrt{\frac{\sigma_x^2}{x^2}+\frac{\sigma_y^2}{y^2}}$
$u=x^n$	$\pm nx^{n-1}\sigma_y^2$	$\pm\frac{n}{x}\sigma_x$
$u=\ln x$	$\pm\frac{\sigma_x}{x}$	$\pm\frac{\sigma_x}{x\ln x}$

六、有效数字记录

当我们对一个测量的量进行记录时，所记数字的位数应与仪器的精密度相符合，即所记数字的最后一位为仪器最小刻度以内的估计值，称为可疑值，其他几位为准确值，这样一个数字称为有效数字，它的位数不可随意增减。在间接测量中，须通过一定公式将直接测量值进行运算，运算中对有效数字位数的取舍应遵循如下规则：

(1)误差一般只取一位有效数字，最多两位；

(2)有效数字的位数越多，数值的精确度也越大，相对误差越小；

(3)若第一位的数值等于或大于 8，则有效数字的总位数可多算一位，如 9.23 虽然只有三位，但在运算时，可以看作四位；

(4)运算中舍弃过多不定数字时，应用“4 舍 6 入，逢 5 尾留双”的法则；

(5)在加减运算中，各数值小数点后所取的位数，以其中小数点后位数最少者为准；

(6)在乘除运算中,各数保留的有效数字,应以其中有效数字最少者为准;

(7)在乘方或开方运算中,结果可多保留一位;

(8)对数运算时,对数中的首数不是有效数字,对数的尾数的位数,应与各数值的有效数字相当;

(9)算式中,常数 π,e 及乘子$\sqrt{2}$和某些取自手册的常数,如阿佛加德罗常数、普朗克常数等,不受上述规则限制,其位数按实际需要取舍。

七、数据处理

物理化学实验数据的表示方法主要有如下三种:

1. 列表法

将实验数据列成表格,排列整齐,使人一目了然。这是数据处理中最简单的方法,列表时应注意以下几点:

(1)表格要有名称。

(2)每行(或列)的开头一栏都要列出物理量的名称和单位,并把二者表示为相除的形式。因为物理量的符号本身是带有单位的,除以它的单位,即等于表中的纯数字。

(3)数字要排列整齐,小数点要对齐,公共的乘方因子应写在开头一栏与物理量符号相乘的形式,并为异号。

(4)表格中表达的数据顺序为由左到右、由自变量到因变量,可以将原始数据和处理结果列在同一表中,但应以一组数据为例,在表格下面列出算式,写出计算过程。

2. 作图法

作图法可以更形象地表达出数据的特点,如极大值、极小值、拐点等,并可进一步用图解求积分、微分、外推、内插值。作图应注意如下几点:

(1)图要有图名。例如“$\ln Kp—1/T$ 图”、“$V—t$ 图”等。

(2)要用市售的正规坐标纸,并根据需要选用坐标纸种类:直角坐标纸、三角坐标纸、半对数坐标纸、对数坐标纸等。物理化学实验中一般用直角坐标纸,只有三组分相图使用三角坐标纸。

(3)在直角坐标中,一般以横轴代表自变量,纵轴代表因变量,在轴旁须注明变量的名称和单位(二者表示为相除的形式),10 的幂次以相乘的形式写在变量旁,并为异号。

(4)适当选择坐标比例,以表达出全部有效数字为准,即最小的毫米格内表示有效数字的最后一位。每厘米格代表 1、2、5 为宜,切忌 3、7、9。如果作直线,应正确选择比例,使直线呈 45°倾斜为好。

(5)坐标原点不一定选在零点,应使所作直线与曲线匀称地分布于图面中。在两条坐标轴上每隔 1cm 或 2cm 均匀地标上所代表的数值,而图中所描各点的具体坐标值不必标出。

(6)描点时,应用细铅笔将所描的点准确而清晰地标在其位置上,可用○、△、□、×等符号表示,符号总面积表示了实验数据误差的大小,所以不应超过 1mm 格。同一图中表示不同曲线时,要用不同的符号描点,以示区别。

(7)作曲线要用曲线板,描出的曲线应平滑均匀;应使曲线尽量多地通过所描的点,但不要强行通过每一个点,对于不能通过的点,应使其等量地分布于曲线两边,且两边各点到曲线的距离之平方和要尽可能相等。

作图示例如图 0-2 所示。

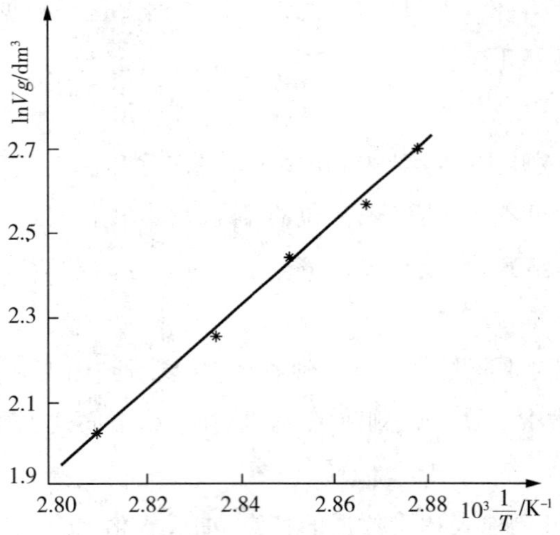

图 0-2　$\ln V_g$—$1/T$ 图

(8)图解微分

图解微分的关键是作曲线的切线,而后求出切线的斜率值,即图解微分值。作曲线的切线可用如下两种方法:

① 镜像法

取一平面镜,使其垂直于图面,并通过曲线上待作切线的点 P(见图 0-3),然后让镜子绕 P 点转动,注意观察镜中曲线的影像,当镜子转到某一位置,使得曲线与其影像刚好平滑地连为一条曲线时,过 P 点沿镜子作一直线即为 P 点的法线,过 P 点再作法线的垂线,就是曲线上 P 点的切线。若无镜子,可用玻璃棒代替,方法相同。

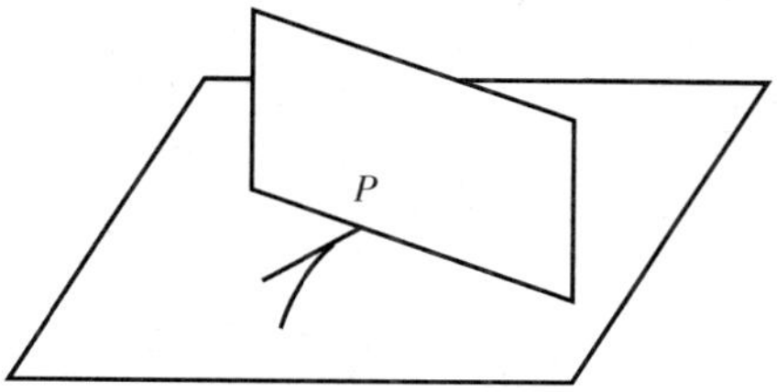

图 0-3 镜像法示意图

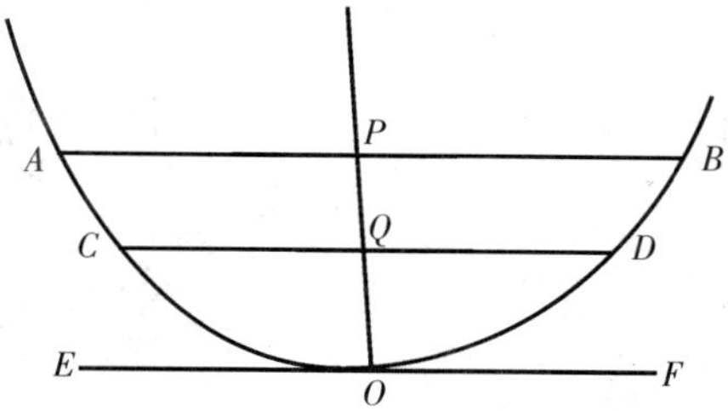

图 0-4 平行线段法示意图

② 平行线段法

如图 0-4 所示,在选择的曲线段上作两条平行线 AB 及 CD,然后连接 AB 和 CD 的中点 PQ 并延长相交曲线于 O 点,过 O 点作 AB、CD 的平行线 EF,则 EF 就是曲线上 O 点的切线。

3. 数学方程式法

将一组实验数据用数学方程式表达出来是最为精炼的一种方法。它不但方式简单而且便于进一步求解,如积分、微分、内插等。此法首先要找出变量之间的函数关系,然后将其线性化,进一步求出直线方程的系数——斜率 m 和截距 b,即可写出方程式。也可将变量之间的关系直接写成多项式,通过计算机曲线拟合求出方程系数。

求直线方程系数一般有三种方法:

(1)图解法

将实验数据在直角坐标纸上作图,得一直线,此直线在 y 轴上的截距即为 b 值(横坐标原点为零时);直线与轴夹角的正切值即为斜率 m。或在直线上选取两点(此两点应远离)(x_1,y_1)和(x_2,y_2)。则

$$m=\frac{\Delta y}{\Delta x}=\frac{y_2-y_1}{x_2-x_1}$$

$$b=\frac{y_1x_2-y_2x_1}{x_2-x_1}$$

(2)平均法

若将测得的 n 组数据分别代人直线方程式,则得 n 个直线方程

$$y_1=mx_1+b$$

$$y_2=mx_2+b$$

$$\vdots$$

$$y_n=mx_n+b$$

将这些方程分成两组，分别将各组的 x、y 值累加起来，得到两个方程

$$\sum_{i=1}^{k} y_i = m\sum_{i=1}^{k} x_i + kb$$

$$\sum_{i=k+1}^{n} y_i = m\sum_{i=k+1}^{n} x_i + (n-k)b$$

解此联立方程，可得 m、b 值。

(3)最小二乘法

这是最为精确的一种方法，它的根据是使误差平方和最小，以得到直线方程。$(x_i, y_i)(i=1,2,\cdots,n)$表示的 n 组数据，线性方程 $y=mx+b$ 中的回归数据可以通过此种方法计算得到。

$$b = \bar{y} - m\bar{x}$$

$$\bar{x} = \frac{1}{n}\sum_{i=1}^{n} x_i, \bar{y} = \frac{1}{n}\sum_{i=1}^{n} y_i$$

$$m = \frac{S_{xy}}{S_{xx}}$$

其中，x 的离差平方和

$$S_{xx} = \sum_{i=1}^{n} x_i^2 - \frac{1}{n}\left(\sum_{i=1}^{n} x_i\right)^2$$

y 的离差平方和

$$S_{yy} = \sum_{i=1}^{n} y_i^2 - \frac{1}{n}\left(\sum_{i=1}^{n} y_i\right)^2$$

x、y 的离差乘积之和

。

$$S_{xy} = \sum_{i=1}^{n} x_i y_i - \frac{1}{n}\left(\sum_{i=1}^{n} x_i\right)\left(\sum_{i=1}^{n} y_i\right)$$

得到的方程即为线性拟合或线性回归。由此得出的 y 值称为最佳值。

八、数据处理软件在物理化学实验中的应用

在物理化学实验中经常会遇到各种类型不同的实验数据，要从这些数据中找到有用的化学信息，得到可靠的结论，就必须对实验数据进行认真的整理和必要的分析和检验。除上一节中提到的分析方法以外，化学、数学分析软件的应用大大减少了处理数据的麻烦，提高了分析数据的可靠程度。经验告诉我们，数据信息的处理与图形表示在物理化学实验中有着非常重要的地位。用于图形处理的软件非常

多，部分已经商业化，如微软公司的 Excel，OriginLab 公司的 Origin 等。下面我们以 Origin 软件为例，简单介绍该软件在数据处理中的应用。

Origin 软件从它诞生以来，由于强大的数据处理和图形化功能，已被化学工作者广泛应用。它的主要功能和用途包括：对实验数据进行常规处理和一般的统计分析，如计数、排序、求平均值和标准偏差、t 检验、快速傅立叶变换、比较两列均值的差异、进行回归分析等。此外还可用数据作图，用图形显示不同数据之间的关系，用多种函数拟合曲线等等。

1. 数据的统计处理

当把实验的数据输入之后，打开 Origin 数据(data)栏，可以做如下的工作：

(1)数据按照某列进行升序(Asending)或降序(Decending)排列；

(2)按照列求和(Sum)、平均值(Mean)、标准偏差(sd)等；

(3)按照行求平均值、标准偏差；

(4)对一组数据(如一列)进行统计分析，进行 t—检验，可以得到如下的检验结果：平均值、方差 s^2(variance)、数据量(N)、t 的计算值、t 分布和检验的结论等信息，比较两组数据(如两列)的相关性；

(5)进行多元线性回归(Multiple Regression)得到回归方程，得到定量结构性质关系(Quantitative Structure-Properties Relationship，QSPR)，同时可以得到该组数据的偏差、相关系数等数据。

2. 数据关系的图形表示

数据准备完之后，除了可以进行上面的统计处理以外，还可以进行二维图形的绘制。Origin 5.0 以上的版本还可以绘制三维图形，以及各种不同图形的排列等可视化操作。用图形方法显示数据的关系比较直观，容易理解，因而在科技论文、实验报告中经常用到。Origin 软件提供了数据分析中常用的绘图、曲线拟合和分辨功能，其中包括：

(1)二维数据点分布图(Scatter)、线图(Line)、点线图(Line-Symbol)；

(2)可以绘制带有数据点误差、数据列标准差的二维图；

(3)用于生产统计、市场分析等的条形图(Tar)、柱状图(Column)、扇形图(Pie chart)；

(4)表示积分面积的面积图(Area)、填充面积图(Fill area)、三组分图(Ternary)等；

(5)在同一张图中表示两套 X 或 Y 轴、在已有的图形页中加入函数图形、在空白图形页中显示函数图形等；

另外 Origin 软件还可以提供强大的三维图形，方便而且直观地表示固定某一变量下系列组分变化的程度，如：

(6)三维格子点图(3D Scatter plot)、三维轨迹图(3D Trajectory)、三维直方图(3D Bars)、三维飘带图(3D Ribbons)、三维墙面图(3D Wall)、三维瀑布图(3D Waterfall)；

(7)用不同颜色表示的三维颜色填充图(3D Color fill surface)、固定基色的三维图(3D *X* or *Y* constant with base)、三维彩色地图(3D Color map)等。

3. 曲线拟合与谱峰分辨

虽然原始数据包含了所有有价值的信息，但是，信息质量往往不高。通过上一部分介绍得到的数据图形，仅仅能够通过肉眼来判断不同数据之间的内在逻辑联系，大量的相关信息还需要借助不同的数学方法得以实现。Origin 软件可以进一步对数据图形进行处理，提取有价值的信息，特别是对物理化学实验中经常用到的谱图和曲线的处理具有独到之处。

(1)数据曲线的平滑(去噪声)、谱图基线的校正或去数据背景

使用数据平滑可以去除数据集合中的随机噪声，保留有用的信息。最小二乘法平滑就是用一条曲线模拟一个数据子集，在最小误差平方和准则下估计模型参数。平滑后的数据可以进一步的进行多次平滑或者多通道平滑。

(2)数据谱图的微分和积分

物理化学实验中得到的许多谱图中常常"隐藏"着谱 y 对 x 的响应。例如两个难分辨的组分，其组合色谱响应图往往不能明显看出两个组分的共同存在，谱图显示的可能是单峰而不是肩峰。微分谱图($\mathrm{d}y/\mathrm{d}x-x$)比原谱图($y-x$)对谱特征的细微变化反应要灵敏得多，因此常常采用微分谱对被隐藏的谱的特征加以区分。在光谱和色谱中，对原信号的微分可以检验出能够指示重叠谱带存在的弱肩峰；在电化学中，对原信号的微分处理可以帮助确定滴定曲线的终点。

对谱图的积分可以得到特征峰的峰面积，从而可以确定化学成分的含量比。因此，在将重叠谱峰分解后，对各个谱峰进行积分，就可以得到化学成分的含量比。在 Origin 软件中提供了三种积分方法：梯形公式、Simpson 公式和 Cotes 公式。

(3)对曲线进行拟合、求回归一元或多元函数

对曲线进行拟合，可以从拟合的曲线中得到许多的谱参数，如谱峰的位置、半峰宽、峰高、峰面积等。但是需要注意的是所用函数数目超过谱线拐点数的两倍就有可能产生较大的误差，采用的非线性最小二乘法也不能进行全局优化，所得到的

解与设定的初始值有关。因此，在拟合曲线时，设定谱峰的初始参数要尽可能接近真实解，这就要求需要采用不同的初始值反复试算。在有些情况下，可以把复杂的曲线模型通过变量变换的方法简化为线性模型进行处理。Origin 软件中能够提供许多的拟合函数，如线性拟合（Linear regression）、多项式拟合（Polynomial regression）、单个或多个 e 指数方式衰减（Exponential decay）、e 指数方式递增（Exponential growth）、S 型函数（Sigmoidal）、单个或多个 Gauss 函数和 Lorentz 函数等，此外用户还可以自定义拟合函数。

实验一 燃烧热的测定

【实验目的】

(1)通过测定萘的燃烧热,掌握有关热化学实验的一般知识和技术;

(2)掌握氧弹式量热计的原理、构造及其使用方法;

(3)掌握高压钢瓶的有关知识并能正确使用;

(4)了解量热计(环境恒温式量热计)的构造和使用方法;

(5)掌握量热法的原理。

【实验原理】

燃烧焓的定义:在指定的温度和压力下,一摩尔物质完全燃烧生成指定产物的焓变,称该物质在此温度下的摩尔燃烧焓,记作 $\Delta_c H_m$。

本实验是在等容的条件下测定的。等压热效应与等容热效应关系为

$$\Delta_c H_m = \Delta_c U_m + \Delta nRT \qquad (1-1)$$

Δn 是燃烧反应方程式中气体物质的化学计量数,产物取正值,反应物取负值。燃烧热可在恒容或恒压条件下测定,由热力学第一定律可知,在不做非膨胀功时,$\Delta_c U_m = Q_v$,$\Delta_c H_m = Q_p$。在氧弹式量热计中测定的燃烧热是 Q_v,则

$$Q_p = Q_v + \Delta nRT \qquad (1-2)$$

在盛有水的容器中放入装有 W 克样品和氧气的密闭氧弹,使样品完全燃烧,放出的热量引起体系温度的上升。根据能量守恒原理,用温度计测量温度的改变量,由下式求得 Q_v。

$$Q_v = \frac{M}{W} C (T_{终} - T_{始}) \qquad (1-3)$$

式中,M 是样品的摩尔质量($g. mol^{-1}$);C 为样品燃烧放热始水和仪器每升高 1 度所需要的热量,称为水当量($J. K^{-1}$)。水当量的求法是用已知燃烧热的物质(本实验用苯甲酸)放在量热计中,测定 $T_{始}$ 和 $T_{终}$,然后可测得萘的燃烧焓。

【仪器和试剂】

氧弹式量热计 1 套；氧气钢瓶（带氧气表）；台称 1 只；电子天平 1 台（0.0001g）。

苯甲酸（A. R）；萘（A. R）；燃烧丝；棉线。

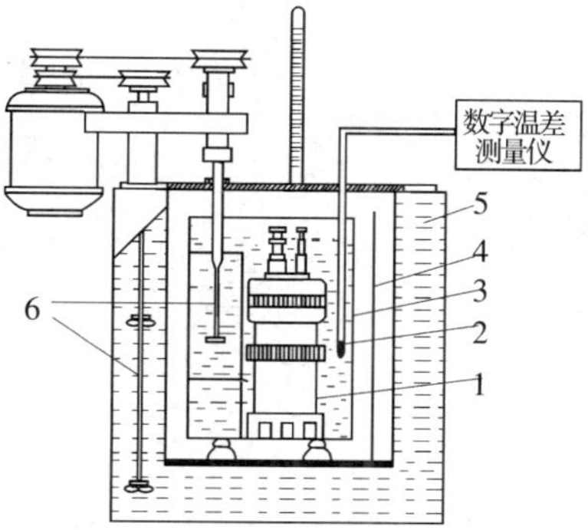

图 1-1　氧弹式量热计示意图

1.氧弹；2.热电偶；3.内筒；

4.挡板；5.水夹套；6.搅拌器

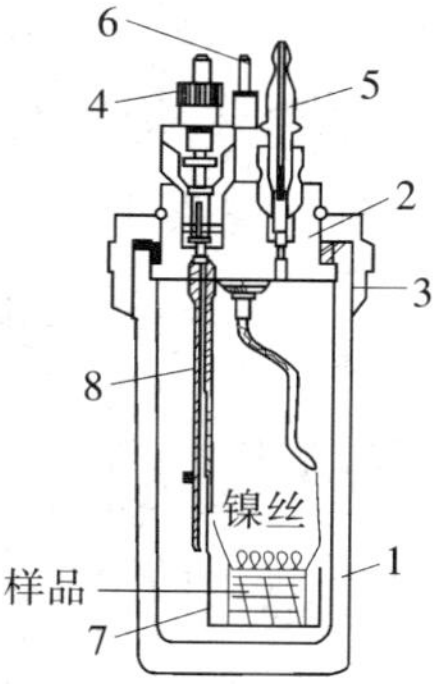

图 1-2　氧弹示意图

1.厚壁圆筒；2.弹盖；3.螺帽

4.进气孔；5.排气孔；6.电极

7.燃烧皿；8.电极（也是进气管）

【实验步骤】

1. 水当量的测定

（1）仪器预热

将量热计及其全部附件清理干净，将有关仪器通电预热。

（2）样品压片

在电子台秤上粗称 0.9～1.0g 苯甲酸，在压片机中压成片状；取约 10cm 长的燃烧丝和棉线各一根，分别在电子天平上准确称重；用棉线把燃烧丝绑在苯甲酸片上，准确称重。

（3）氧弹充氧

将氧弹的弹头放在弹头架上，把燃烧丝的两端分别紧绕在氧弹头上的两根电极上；在氧弹中加入 10mL 蒸馏水（实验中此步骤可以省略），把弹头放入弹杯中，拧紧。

充氧时，开始先充约 0.5MPa 氧气，然后开启出口，借以赶出氧弹中的空气。再充入 1MPa 氧气，充气约 1min。氧弹放入量热计中，接好点火线。

（4）调节水温

准备一桶自来水，调节水温约低于外筒水温 1℃（也可以不调节水温直接使用）。用容量瓶取 3000mL 已调温的水注入内筒，水面盖过氧弹。装好搅拌头。

(5)测定水当量

打开搅拌器,待温度稍稳定后开始记录温度,每隔 1min 记录一次,共记录 10 次。开启"点火"按钮,每隔 15s 记录一次,约记录 6～8 次。当温度明显升高时,说明点火成功,继续每 30s 记录一次;到温度升至最高点后,再记录 10 次,停止实验。

停止搅拌,取出氧弹,放出余气,打开氧弹盖。若氧弹中无灰烬,表示燃烧完全,将剩余燃烧丝称重,待处理数据时用。

2. 测量萘的燃烧热

称取 0.8～0.9g 萘,重复上述步骤测定之。

【注意事项】

(1)仪器先预热,打开开关,实验过程中不允许关闭。

(2)注意压片机要专用。

(3)充氧时注意氧气钢瓶和减压阀的正确使用顺序,注意开关的方向和压力。

(4)内筒中加 3000mL 水后若有气泡逸出,说明氧弹漏气,设法排除。

(5)搅拌时不得有摩擦声。

(6)测定样品萘时,内筒水要更换且需调温。

(7)氧气瓶在开总阀前要检查减压阀是否关好;实验结束后要关上钢瓶总阀,注意排净余气,使指针回零。

(8)拔电极时注意不要拔线。

(9)第二次实验注意擦内筒。

【数据记录与处理】

(1)实验数据:

苯甲酸							
反应前期(1 次/min)		反应中期(1 次/15s)		反应后期(1 次/30s)			
时间	温度	时间	温度	时间	温度	时间	温度
1		1		1		16	
2		2		2		17	
3		3		3		18	
4		4		4		19	

（续表）

苯甲酸							
反应前期(1 次/min)		反应中期(1 次/15s)		反应后期(1 次/30s)			
时间	温度	时间	温度	时间	温度	时间	温度
5		5		5		20	
6		6		6		21	
7		7		7		22	
8		8		8		23	
9				9		24	
10				10		25	
				11		26	
				12		27	
				13		28	
				14		29	
				15		30	

原始数据记录：

燃烧丝重________g；棉线重________g；苯甲酸样品重________g；剩余燃烧丝重________g；水温________℃。

萘							
反应前期(1 次/min)		反应中期(1 次/15s)		反应后期(1 次/30s)			
时间	温度	时间	温度	时间	温度	时间	温度
1		1		1		16	
2		2		2		17	
3		3		3		18	
4		4		4		19	
5		5		5		20	
6		6		6		21	
7		7		7		22	
8		8		8		23	
9				9		24	
10				10		25	

（续表）

萘							
反应前期(1 次/min)		反应中期(1 次/15s)		反应后期(1 次/30s)			
时间	温度	时间	温度	时间	温度	时间	温度
				11		26	
				12		27	
				13		28	
				14		29	
				15		30	

原始数据记录：

燃烧丝重________g；棉线重________g；萘样品重________g；剩余燃烧丝重________g；水温________℃。

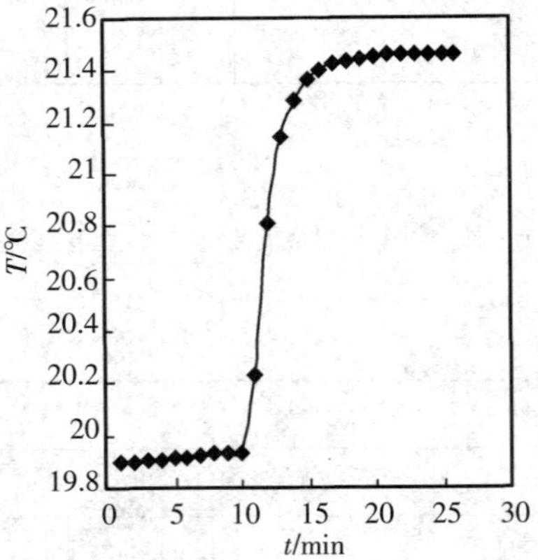

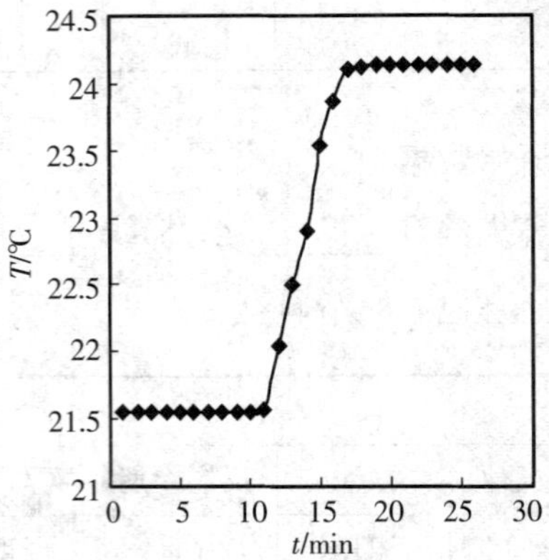

(2)由实验数据分别求出苯甲酸、萘燃烧前后的 $T_{始}$ 和 $T_{终}$。

$\Delta T_{苯甲酸}=$________；$\Delta T_{萘}=$________。

(3)由苯甲酸数据求出水当量 C。

$$Q_{镍铬丝}=-1400.8\text{J}\cdot\text{g}^{-1};Q_{棉线}=-17479\text{J}\cdot\text{g}^{-1}$$

$$C=\frac{(\Delta U_m)\frac{w_{苯甲酸}}{M}-Q_{丝}\ w_{丝}-Q_{线}\ w_{线}}{\Delta T}$$

查表知：25℃时苯甲酸 $Q_p=-3228.0\text{kJ/mol}$。

根据基尔霍夫定律：

$C_{pH_2O}(1)=75.295J\cdot mol^{-1}\cdot K^{-1}$，$C_{p苯甲酸}=145.2J\cdot mol^{-1}\cdot K^{-1}$

$C_{pO_2}=J\cdot mol^{-1}\cdot K^{-1}$，$C_{pCO_2}=J\cdot mol^{-1}\cdot K^{-1}$，$C_{p萘}=165.3J\cdot mol^{-1}\cdot K^{-1}$

对于苯甲酸 $\Delta C_p=7\times37.129+3\times75.295-145.2-15/2\times29.359$

$=120.3955J\cdot mol^{-1}\cdot K^{-1}$

对于萘 $\Delta C_p=10\times37.129+4\times75.295-165.3-12\times29.359$

$=154.9J\cdot mol^{-1}\cdot K^{-1}$

苯甲酸：$\Delta H_T=\Delta H_{298.15}+\int_{298}^{T}\Delta C_p dT$ $Q_v=Q_p-\Delta nRT=$________

$$C\Delta T=(\Delta U_m)\frac{w_{苯甲酸}}{M}-Q_{丝}w_{丝}-Q_{线}w_{线}$$

$$C=\_\_\_\_\_\_\_\_J/℃$$

(4)求出萘的燃烧热 Q_V，换算成 Q_p。

对于萘 $Q_V=$________。

$$Q_p=Q_V+\Delta nRT$$

(5)将所测萘的燃烧热值与文献值比较，求出误差，分析误差产生的原因。

萘的文献值：

$$\Delta H_T=\Delta H_T+\int_{298}^{T}\Delta C_p dT$$

相对误差=________。

【实验讨论】

(1)环境恒温式量热计由雷诺曲线求得 ΔT 的方法如图 1-3、图 1-4 所示。详细步骤如下：

将样品燃烧前后历次观察的水温对时间作图，联成 $FHIDG$ 折线(见图 1-3)。图中 H 相当于开始燃烧之点，D 为观察到的最高温度读数点，作相当于室温(或 HD 的 1/2)的平行线 JI 交折线于 I，过 I 点作 ab 垂线，然后将 FH 线和 GD 线外延交 ab 线于 A、C 两点，A 点与 C 点所表示的温度差即为欲求温度的升高 ΔT。图 1-3 中 AA' 为开始燃烧到温度上升至室温这一段时间 Δt_1 内，由环境辐射进来和搅拌引进的能量而造成体系温度的升高必须扣除；CC' 为温度由室温升高到

最高点 D 这一段时间 Δt_2 内，体系向环境辐射出能量而造成体系温度的降低，因此需要添加上。由此可见 A、C 两点的温差较客观地表示了由于样品燃烧致使量热计温度升高的数值。

有时量热计的绝热情况良好，热漏小，而搅拌器功率大，不断稍微引进能量使得燃烧后的最高点不出现（见图 1－4）。这种情况下 ΔT 仍然可以按照同样方法校正。

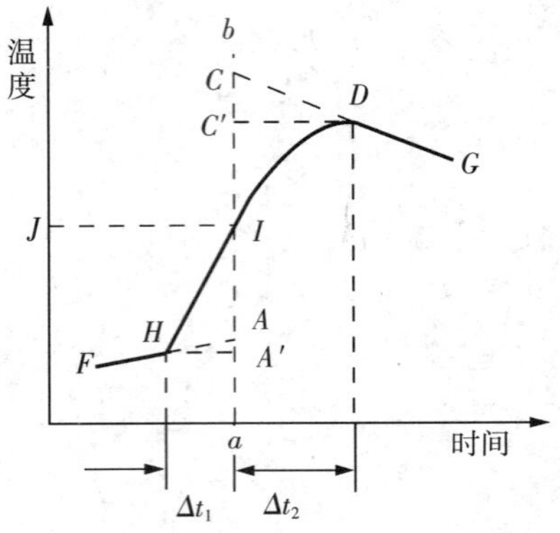

图 1－3　绝热较差时的雷诺校正图

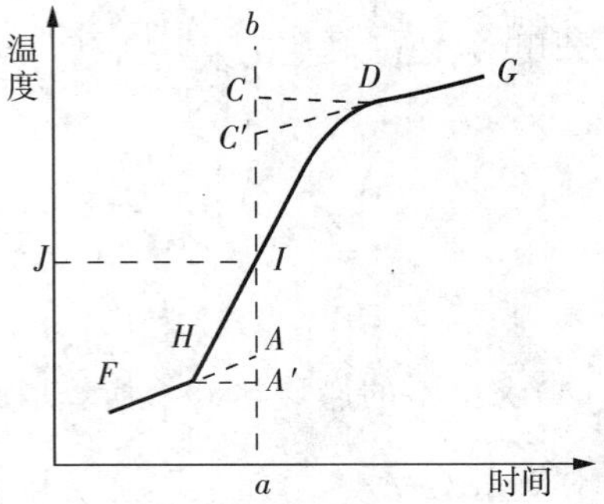

图 1－4　绝热良好时的雷诺校正图

（2）在燃烧过程中，当氧弹内存在微量空气时，N_2 的氧化会产生热效应，在精确的实验中，这部分热效应应予校正，方法如下：用 0.1mol/L NaOH 溶液滴定洗涤氧弹内壁的蒸馏水，每毫升 0.1mol/L NaOH 溶液相当于 5.983J（放热）的能量。

思考题

1. 在氧弹里加 10mL 蒸馏水起什么作用？

2. 本实验中，哪些为体系？哪些为环境？实验过程中有无热损耗，如何降低热损耗？

3. 在环境恒温式量热计中，为什么内筒水温要比外筒水温低？低多少合适？

4. 欲测定液体样品的燃烧热，你能想出测定方法吗？

5. 说明恒容热和恒压热的关系。

6. 实验中哪些因素容易造成误差？最大误差是哪种？提高本实验的准确度应该从哪方面考虑？

实验二　凝固点降低法测摩尔质量

【实验目的】

(1)掌握用凝固点降低法测定物质相对摩尔质量的方法;

(2)通过实验加深对稀溶液依数性质的理解;

(3)掌握贝克曼温度计的使用。

【实验原理】

溶液的凝固点:在一定压力下,固体溶剂与溶液成平衡时的温度。稀溶液具有依数性,稀溶液的凝固点降低纯溶剂。在确定了溶剂的种类和数量后,溶液凝固点降低值仅仅取决于所含溶质分子的数目。

假设溶质在溶液中不发生缔合和分解,也不与固态纯溶剂生成固溶体,则由热力学理论出发,可以导出理想稀薄溶液的凝固点降低 ΔT_f 与溶质质量摩尔浓度 b_B 之间的关系:

$$\Delta T_f = T_f^* - T_f = K_f b_B \qquad (2-1)$$

或

$$\Delta T_f = \frac{K_f}{M_B m_A} m_B \qquad (2-2)$$

由此可导出计算溶质摩尔质量 M_B 的公式:

$$M_B = \frac{K_f m_B}{\Delta T_f m_A} \qquad (2-3)$$

式中,T_f^* 、T_f——分别为纯溶剂、溶液的凝固点,单位 K;

m_A、m_B——分别为溶剂、溶质的质量,单位 kg;

K_f——溶剂的凝固点下降常数,单位 $K \cdot kg \cdot mol^{-1}$;

M_B——溶质的摩尔质量,单位 $kg \cdot mol^{-1}$。

若已知 K_f，测得 ΔT_f，便可用(2-3)式求得 M_B，也可由(2-2)式通过 $\Delta T_f - m_B$ 直线，线性回归以斜率求得 M_B。

凝固点降低的测定方法有下列几种：

1. 平衡法

这是最准确的方法。先测纯溶剂的液体和固体两相平衡的温度，再测溶液与纯溶剂固体两相平衡的温度，同时取一定量平衡时之液相，分析其浓度。

2. Rast 法

樟脑的 K_f 值特别大，因此很容易得到较大的 ΔT_f，这样便可用普通温度计测定凝固点降低值。

3. 贝克曼法(即过冷法)

本实验即采用此法。

凝固点降低值的多少，直接反映了溶液中溶质的质点数目的多少。溶质在溶液中有离解、缔合、溶剂化和络合物生成等情况存在，都会影响溶质在溶剂中的表观摩尔质量。因此溶液的凝固点降低法可用于研究溶液的电解质电离度、溶质的缔合度、溶剂的渗透系数和活度系数等。由此可见，实验的成功与否决定于凝固点的精确测量。

凝固点测定方法是将已知浓度的溶液逐渐冷却成过冷溶液，然后促使溶液结晶。当晶体生成时，放出的凝固热使体系温度回升，当放热与散热达成平衡时，温度不再改变，此固液两相达成平衡的温度，即为溶液的凝固点。本实验测定纯溶剂和溶液的凝固点之差。

纯溶剂(单组分)在凝固前温度随时间均匀下降，当达到凝固点时，固体析出，放出热量，补偿了对环境的热散，因而温度保持恒定，直到全部凝固后，温度再均匀下降，其冷却曲线如图 2-1a 所示。但实际上，只有固相充分分散到液相中，也就是固液两相的接触面相当大时，平衡才能到达，画出冷却曲线 a。

实际测量中，将纯溶体冷却，达到凝固点时，由于固体是逐渐析出，当凝固热放出速率小于冷却速率，温度会不断下降，难以确定凝固点温度。为此，采取的方法是：先使液体过冷，再突然搅拌，固相骤然析出大量微小晶体，两相充分接触，放出大量凝固热，温度回升，达到凝固点温度，保持恒定，然后再开始下降。如图2-1b 所示。

溶液的冷却情况与此不同，纯溶剂两相共存时，自由度 $F^* = 1-2+1=0$，而对于溶液，当冷却到凝固点，开始析出固态纯溶剂，自由度 $F^* = 2-2+1=1$，温度仍可下降，并且随着溶剂的析出，溶液浓度相应增大。所以溶液的凝固点随着溶剂的

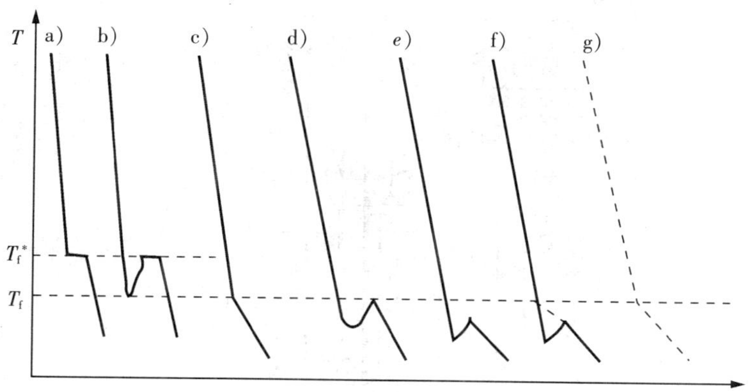

图 2－1　步冷曲线图

析出，浓度变大而不断下降，在冷却曲线上得不到温度不变的水平线段。如图 2－1c 所示。

在实际测量时，如果溶液过冷程度不大，析出的固体溶剂比较少，浓度变化比较小，则过冷回升的温度可作为溶液的凝固点，如图 2－1d 所示；如果溶液过冷程度比较大，析出的固体溶剂比较多，浓度变化较大，则过冷回升的温度低于溶液的凝固点，如图 2－1e 所示。因此实验中要控制过冷程度，不能大，并且每次的过冷程度要一样。若不能做到，要对冷却曲线进行校正，如图 2－1f 所示，或画出步冷曲线，确定凝固点，如图 2－1g 所示。

【仪器和试剂】

分子量测定仪一套；普通温度计（0℃～50℃）1 支；20mL 移液管 1 支；压片机一台；贝克曼温度计 1 支。

大烧杯（600mL）1 只；苯或环己烷（A. R.），萘（A. R.）。

【实验步骤】

（1）按图 2－2 所示安装凝固点测定仪，注意测定管，搅棒都须清洁、干燥，温差测量仪的探头、温度计都须与搅拌棒有一定空隙。防止搅拌时发生摩擦。

（2）调节水浴温度，在 2℃左右，并应经常搅拌，不断加入碎冰，使冰浴温度保持基本不变。

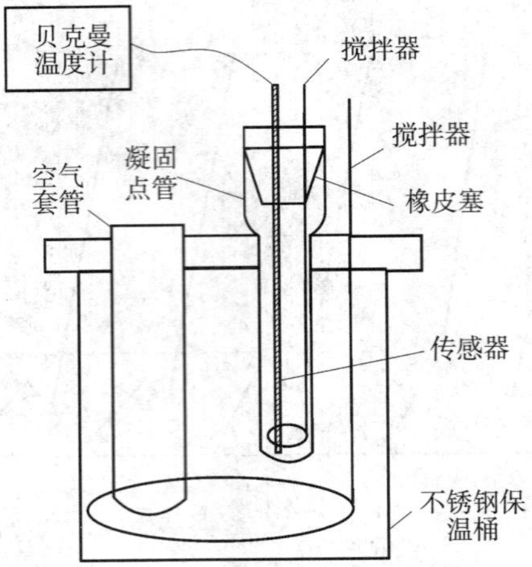

图 2-2　固点降低实装置

1. 贝克曼温度计；2. 内管搅棒；3. 投料支管；4. 凝固点管；
5. 空气套管；6. 寒剂搅棒；7. 冰槽；8. 温度计

(3)纯环己烷凝固点测量：

准确移取 25mL 环己烷，小心注入测定管中，塞紧。

① 环己烷凝固点近似值测量。直接放入冰浴中，不断移动搅拌棒，使其冷却。当刚有固体析出时，迅速取出测定管，擦干管外冰水，插入空气套管中，缓慢均匀搅拌，观察温度，直至温度稳定，即为环己烷的凝固点近似值。

② 环己烷凝固点精确值测量。取出测定管，用手温热，同时搅拌，使管中固体完全溶化；再将测定管直接插入冰浴中，缓慢搅拌，使苯迅速冷却，当温度降至高于凝固点参考温度 0.5℃时，迅速取出测定管，擦干，放入空气套管中，每秒搅拌一次，使环己烷温度均匀下降，当温度低于凝固点近似值 0.2℃左右，急速搅拌，(防止过冷超过 0.5℃)，促使固体析出，温度开始上升，搅拌减慢，注意观察温度的变化，直至稳定，此即为环己烷的凝固点。重复测定三次。要求环己烷凝固点的绝对平均误差小于±0.003℃。

(4)溶液凝固点的测定。

取出测定管，温热之，使管中的环己烷溶化，从测定管的支管加入事先压成片状的 0.2～0.3g 的萘，待溶解后用步骤(3)中方法测定溶液的凝固点。先测凝固点的近似值，再精确测之。溶液凝固点是取过冷后温度回升所达的最后温度，重复三次，要求绝对平均误差小于±0.003℃。取其平均值。

【注意事项】

(1)冰浴温度不低于溶液凝固点 3℃为宜；

(2)测定凝固点温度时，注意过冷温度不能超过 0.5℃；

(3)溶剂、溶质的纯度都直接影响实验的结果，防止水进入溶液中；

(4)每秒搅拌一次，不能太快，也不能太慢。

【数据记录与处理】

(1)用 $\rho(\mathrm{kg/m^3})=0.7971\times10^3-0.8879t$ 计算室温时环己烷密度，然后算出所取环己烷的质量 W_1。

(2)将实验数据列入表中。

<table>
<tr><th rowspan="2">物质</th><th rowspan="2">质量</th><th colspan="3">凝固点</th><th rowspan="2">凝固点降低值</th></tr>
<tr><th colspan="2">测量值</th><th>平均值</th></tr>
<tr><td rowspan="3">环己烷</td><td rowspan="3"></td><td>1</td><td></td><td rowspan="3"></td><td rowspan="3"></td></tr>
<tr><td>2</td><td></td></tr>
<tr><td>3</td><td></td></tr>
<tr><td rowspan="3">环己烷和萘溶液</td><td rowspan="3"></td><td>1</td><td></td><td rowspan="3"></td><td rowspan="3"></td></tr>
<tr><td>2</td><td></td></tr>
<tr><td>3</td><td></td></tr>
</table>

(3)由所得数据计算萘的分子量，并计算与理论值的相对误差。

已知环己烷的凝固点 $T_f^*=279.7\mathrm{K}$；$K_f=20.1\mathrm{K\cdot kg/mol}$。

思考题

1. 凝固点降低法测相对分子量公式，在什么条件下才能适用？

2. 在冷却过程中，冷冻管内固液相之间和寒剂之间，有哪些热交换？它们对凝固点测量有何影响？

3. 当溶质在溶液中有离解、缔合和生成络合物的情况时，对相对分子量的测量值影响如何？

4. 影响凝固点精确测量的因素有哪些？

5. 什么是凝固点？纯溶剂的凝固点与溶液的凝固点的含义是否相同？

6. 液体冷却时为什么产生过冷现象？如何控制过冷程度？

7. 根据什么原则考虑加入溶质的量？太多太少影响如何？

8. 为什么测定溶剂的凝固点时，过冷程度大一些对测定结果影响不大，而测定溶液凝固点时却必须尽量减少过冷现象？

9. 实验中为什么每次过冷程度都要一致？

10. 为什么对溶液测量时，析出的固体越少越好？

实验三　液体饱和蒸气压的测定

【实验目的】

(1)明确饱和蒸气压的定义,了解纯液体的饱和蒸气压与温度的关系以及克劳修斯—克拉贝龙(Clausius-Clapeyron)方程式的意义。

(2)掌握静态法测定液体饱和蒸气压的原理及操作方法;学会由图解法求其平均摩尔汽化热和正常沸点。

(3)了解真空泵、恒温槽及气压计的使用及注意事项。

【实验原理】

通常温度下(距离临界温度较远时),密闭真空容器中的纯液体与其蒸气达平衡时的蒸气压称为该温度下液体的饱和蒸气压,简称为蒸气压。恒压条件下蒸发1mol液体所吸收的热量称为该温度下液体的摩尔汽化热。液体的蒸气压随温度而变化,温度升高时,蒸气压增大;温度降低时,蒸气压降低,这主要与分子的动能有关。当蒸气压等于外界压力时,液体便沸腾,此时的温度称为沸点,外压不同时,液体沸点将相应改变,当外压为101.325kPa时,液体的沸点称为该液体的正常沸点。

液体的饱和蒸气压与温度的关系用克劳修斯—克拉贝龙方程式表示为

$$\frac{\mathrm{d}\ln p}{\mathrm{d}T}=\frac{\Delta_{\mathrm{vap}}H_{\mathrm{m}}}{RT^{2}} \tag{3-1}$$

式中,R为摩尔气体常数;T为热力学温度;$\Delta_{\mathrm{vap}}H_{\mathrm{m}}$为在温度$T$时纯液体的摩尔气化热。

假定$\Delta_{\mathrm{vap}}H_{\mathrm{m}}$与温度无关,或因温度范围较小,$\Delta_{\mathrm{vap}}H_{\mathrm{m}}$可以近似作为常数,积分上式,得

$$\ln p=-\frac{\Delta_{\mathrm{vap}}H_{\mathrm{m}}}{R}\frac{1}{T}+C \tag{3-2}$$

式中,C 为积分常数。由此式可以看出,以 $\ln p$ 对 $1/T$ 作图,应为一直线,直线的斜率为 $-\frac{\Delta_{vap}H_m}{R}$,由斜率可求算液体的 $\Delta_{vap}H_m$。

测定饱和蒸气压的方法主要有 3 种。

(1)静态法:在一定温度下,直接测量饱和蒸气压。此法适用于具有较大蒸气压的液体。

(2)动态法:测量沸点随施加的外压力而变化的一种方法。液体上方的总压力可调,而且用一个大容器的缓冲瓶维持给定值,汞压力计测量压力值,加热液体待沸腾时测量其温度。

(3)饱和气流法:在一定温度和压力下,用干燥气体缓慢地通过被测纯液体,使气流为该液体的蒸气所饱和。用吸收法测量蒸气量,进而计算出蒸气分压,此即该温度下被测纯液体的饱和蒸气压。该法适用于蒸气压较小的液体。本实验采用静态法测定环已烷在不同温度下的饱和蒸气压。

静态法测量不同温度下纯液体饱和蒸气压,有升温法和降温法两种。本次实验采用升温法测定不同温度下纯液体的饱和蒸气压,所用仪器是纯液体饱和蒸气压测定装置,如图 3－1 所示。

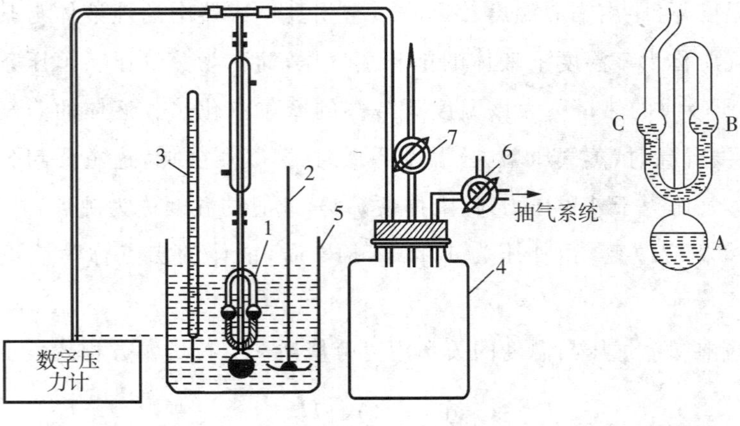

图 3－1　静态法测量液体饱和蒸气压图

1. 平衡管;2. 搅拌器;3. 温度计;4. 缓冲瓶;5. 恒温水浴;6. 三通旋塞;7. 毛细管

平衡管由 A 球和 U 型管 B、C 组成。平衡管上接一冷凝管,以橡皮管与压力计相连。A 内装待测液体,当 A 球的液面上纯粹是待测液体的蒸气,而 B 管与 C 管的液面处于同一水平时,则表示 B 管液面上的(即 A 球液面上的蒸气压)与加在 C 管液面上的外压相等。此时,体系气液两相平衡的温度称为液体在此外压下的沸点。

【仪器和试剂】

恒温水浴1套;平衡管1只;压力计1台;真空泵及附件等。

无水乙醇(A.R.)。

【实验步骤】

(1)打开恒温水浴开关,按回差键使之变为0.1。

(2)装样:打开饱和蒸气压测定仪冷凝器上端的小玻璃帽,加入一定量的液体乙醇(平衡器中已装好),使单管高度为6cm。打开冷凝器上水开关(水流不要太大)。

(3)抽空:

关闭平衡阀1,打开平衡阀2,打开进气阀。旋转玻璃活塞,使两个活塞为全通。

打开精密数字压力仪,使单位调为kPa。按采零键置零。

打开真空泵,待泵运转正常后,关闭玻璃放空活塞,观察数字压力计上的读数,待压力计读数达−93.5kPa时,关闭玻璃活塞,打开玻璃放空活塞后,关闭真空泵,关闭进气阀。

(4)测量:

关闭平衡阀2,缓慢打开平衡调节阀1放入空气,观察U型管两端液面相等(2分钟不变)时,关闭平衡阀1。记录温度和精密数字压力计上的读数(室温测一个)。

打开恒温槽上的加热开关,打开搅拌开关,设置温度。按置数键。然后数字闪动按正三角键加数,按倒三角键减数,调至所需温度,比上一个温度高5℃。第一位数字设完后按置数键设定下一位,三位数设完后,按置数键进入工作状态。(加热时可用强档,当加热到与设定温度差2度时改用弱档)。待恒温后用放气调平法继续测定下一组(重复(1)、(2)操作)。共做6组,方法同上。

当6组数测完后,打开平衡阀1,打开平衡阀2,打开进气阀,打开玻璃活塞,关闭冷凝水,关闭恒温槽电源,实验结束。

【注意事项】

(1)减压系统不能漏气,否则抽气时达不到本实验要求的真空度。

(2)抽气速度要合适,必须防止平衡管内液体沸腾过剧,致使B管内液体快速蒸发。

(3)实验过程中，必须充分排除净 AB 弯管中全部空气，使 B 管液面上空只含液体的蒸气分子。AB 管必须放置于恒温水浴中的水面以下，否则其温度与水浴温度不同。

(4)测定中，打开进空气活塞时，切不可太快，以免空气倒灌入 AB 弯管中。

(5)如果发生倒灌，则必须重新排除空气。

(6)温度计读数须作露茎校正。

【数据记录与处理】

(1)数据记录表。

被测液体：__________；室温：__________；实验压力：__________。

温度/℃	压力计读数/kPa	系统平衡总压/kPa	$\ln p$	$1/T/(10^{-3}\mathrm{K})$

(2)以 $\ln p$ 对 $1/T$ 作图，求出直线的斜率，并由斜率算出此温度范围内水的平均摩尔气化热 $\Delta_{\mathrm{vap}}H_{\mathrm{m}}$，由图求算纯液体的正常沸点。

思考题

1. 试分析引起本实验误差的因素有哪些？
2. 为什么 AB 弯管中的空气要排干净？怎样操作？怎样防止空气倒灌？
3. 本实验方法能否用于测定溶液的饱和蒸气压？为什么？
4. 试说明压力计中所读数值是否是纯液体的饱和蒸气压。
5. 为什么实验完毕后必须使体系和真空泵与大气相通才能关闭真空泵？

实验四　氨基甲酸铵分解反应标准平衡常数的测定

【实验目的】

(1)掌握一种测定系统平衡压力的方法——等压法；

(2)测定不同温度下氨基甲酸铵的分解压力；

(3)计算相应温度下该分解反应的标准平衡常数、标准摩尔反应焓变$\Delta_r H_m^\theta$、标准摩尔反应吉布斯函变$\Delta_r G_m^\theta$及标准摩尔反应熵变$\Delta_r S_m^\theta$；

(4)掌握真空泵、恒温水浴、大气压计的使用。

【实验原理】

氨基甲酸铵是合成尿素的中间体，白色固体，很不稳定，加热时按下式分解：

$$NH_2COONH_4(s) = 2NH_3(g) + CO_2(g) \tag{4-1}$$

根据化学式判断，分解达到平衡时，反应的标准平衡常数K^θ为

$$K^\theta = \left\{\frac{p_{NH_3}}{p^\theta}\right\}^2 \cdot \left\{\frac{p_{CO_2}}{p^\theta}\right\} = p_{NH_3}^2 \cdot p_{CO_2}(p^\theta)^{-\Sigma\nu_B} = K_P(p^\theta)^{-\Sigma\nu_B} \tag{4-2}$$

$$K_P = p_{NH_3}^2 \cdot p_{CO_2} \tag{4-3}$$

式中，p_{NH_3}，p_{CO_2}分别为平衡系统中NH_3、和CO_2的平衡分压；$\sum\nu_B$为反应式中各气体物质计量系数之和，产物的ν_B为正，反应物的ν_B为负。

在一定温度下，固体物质的蒸气压具有定值，与固体的量无关，因此，平衡系统中氨基甲酸铵的分压$p_{NH_2COONH_4(s)}$是常数，与平衡常数合并，故在(4－2)式中不出现。

因为温度不高时，固体物质氨基甲酸铵的分压为

$$p_{NH_2COONH_4(s)} << p_{NH_3(g)}，p_{NH_2COONH_4(s)} << p_{CO_2(g)}$$

系统的总压等于 p_{NH_3}、p_{CO_2} 之和，即

$$P_{总}=p_{NH_3}+p_{CO_2} \tag{4-4}$$

从化学反应计量式可知，1 摩尔 $NH_2COONH_4(s)$ 分解生成 2 摩尔 $NH_3(g)$ 和 1 摩尔 $CO_2(g)$，则

$$p_{NH_3}=\frac{2}{3}p_{总}；\ p_{CO_2}=\frac{1}{3}p_{总}$$

将上述关系代入(4-3)式，得

$$K_P=\left(\frac{2}{3}p_{总}\right)^2\cdot\left(\frac{1}{3}p_{总}\right)=\frac{4}{27}p_{总}^3 \tag{4-5}$$

将(4-5)式代入(4-2)式，得标准平衡常数为

$$K^{\theta}=\frac{4}{27}p_{总}^3(p^{\theta})^{-3} \tag{4-6}$$

因此，化学反应达到平衡时，测量系统的总压强 $p_{总}$，由 $p_{总}$ 计算出 K_P，进而计算出标准平衡常数 K^{θ}。

由化学反应等压方程可知，标准平衡常数与温度的关系为

$$\left(\frac{\partial \ln K^{\theta}}{\partial T}\right)_P=\frac{\Delta_r H_m^{\theta}}{RT^2} \tag{4-7}$$

式中，T——绝对温度，K；

$\Delta_r H_m^{\theta}$——标准摩尔反应焓，$J.mol^{-1}$，当温度在不太大的范围内变化时，$\Delta_r H_m^{\theta}$ 可视为常数。

对(4-7)式进行不定积分得

$$\ln K^{\theta}=-\frac{\Delta_r H_m^{\theta}}{R}\times\frac{1}{T}+C' \tag{4-8a}$$

或

$$\lg K^{\theta}=-\frac{\Delta_r H_m^{\theta}}{2.303R}\times\frac{1}{T}+C \tag{4-8b}$$

式中 C 和 C' 为积分常数。

用 $\ln K^{\theta}$ 对 $\frac{1}{T}$ 作图，得一直线如图 4-1 所示，直线斜率 $m=-\frac{\Delta_r H_m^{\theta}}{R}$，由斜率可计算出：

$$\Delta_r H_m^{\theta}=-mR$$

$$\Delta_r G_m^{\theta}=-RT\ln K^{\theta}\ \mathrm{Ln}K^{\theta}$$

$$\Delta_r S_m^{\theta}=\frac{\Delta_r H_m^{\theta}-\Delta_r G_m^{\theta}}{T}$$

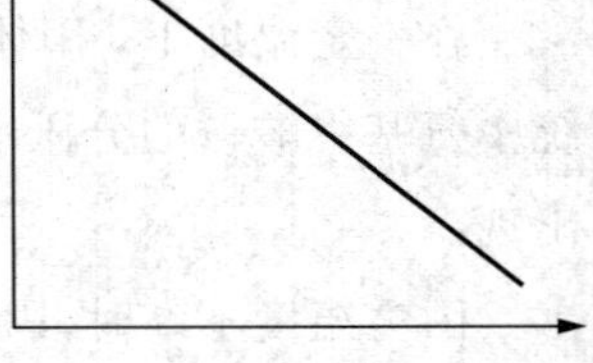

图 4-1 $\ln K^{\theta}\sim 1/T$ 图

【仪器和试剂】

实验装置一套(见图 4－2);氨基甲酸铵(自制)。

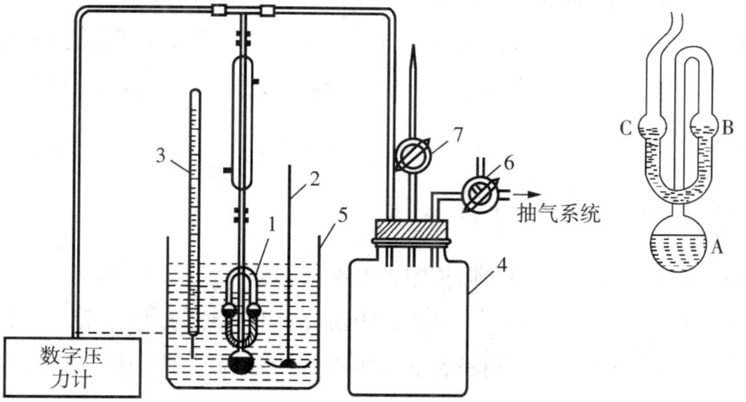

图 4－2　氨基甲酸铵分解平衡常数测定实验装置图

1. 平衡管;2. 搅拌器;3. 温度计;4. 缓冲瓶;5. 恒温水浴;6. 三通旋塞;7. 毛细管

【实验步骤】

1. 检漏

检查并确认装有药品的等压管已经与系统连接好,旋转三通旋塞使系统与真空系统接通,启动真空泵,能将系统压力减小到 700mmHg 真空度,可认为系统密闭性良好。

2. 调温

调整温度指示控制仪,控制恒温水浴的温度在 25℃左右,恒温 15 分钟。

3. 检纯及测量

在真空泵运行的状态下,使系统与真空系统连通抽气,约 15 分钟后。抽的越好,做的就越准确。因为可以把体系的空气和残留气体抽出来。

旋转旋塞,使系统与真空系统隔开,再缓缓调节旋塞,使空气经毛细管进入系统(给系统增压),直至连接小玻璃泡的等压计的 U 型管两壁中的汞面平齐,立即关闭旋塞。观察汞面高度变化,这个过程往往经过 3～4 次调节,每次调节完成后观察 2～3 分钟,若汞面发生变化则继续调节。大约 10 分钟左右达到平衡,若等压计中汞面保持 5 分钟不变。则同时读取数字压力计读数、恒温槽温度、大气压。

在真空泵运行且未与大气相通的状态下,再旋转旋塞将系统与真空系统接通,继续排气5分钟，按上述方法重新测定25℃时的分解压力，如果两次测量结果相差2mmHg，可以进行第二个温度(30℃)下分解压力的测定。

夏天，室温高于25℃时，从高于室温1℃开始测量。

每隔5℃测量一组数据，共测量6组数据(25—30—35—40—45—50)。

每调整到一个新的温度，温度都要恒定10分钟，然后从毛细管缓慢向系统放入空气，使等压计U型管两壁汞高差平齐且保持5分钟不变，再进行读取数据，将读取数据记入表4－1中。

【注意事项】

(1)减压系统不能漏气，否则抽气时达不到本实验要求的真空度。

(2)抽气速度要合适，必须防止平衡管内液体沸腾过剧，致使B管内液体快速蒸发。

(3)实验过程中，必须充分排除净AB弯管中全部空气，使B管液面上空只含液体的蒸气分子。AB管必须放置于恒温水浴中的水面以下，否则其温度与水浴温度不同。

(4)测定中，打开进空气活塞时，切不可太快，以免空气倒灌入AB弯管中。

(5)如果发生倒灌，则必须重新排除空气。

(6)温度计读数须作露茎校正。

(7)30℃及以后每一个温度下不需要抽真空。

【数据记录与处理】

(1)数字记录，见表4－1。

表4－1 实验记录表

温度		大气压	数字压力计读数
t/℃	T/K	P_0/Pa	P/Pa

(2)计算平衡压力(平衡压力＝大气压－压力计读数)；

(3)计算平衡常数；

(4)以 $\ln K^\theta$ 对 $\frac{1}{T}$ 作图，由斜率求 $\Delta_r H_m^\theta$；

(5)计算 25℃或 30℃时的 $\Delta_r G_m^\theta$、$\Delta_r S_m^\theta$。

(6)计算结果记入表 4－2。

表 4－2　实验结果记录

温度		平衡压力	计算结果				
t/℃	T/K	P/Pa	$10^4 K^\theta$	$\ln K^\theta$	$\frac{\Delta_r H_m^o}{kJ \cdot mol^{-1}}$	$\frac{\Delta_r S_m^o}{J \cdot mol^{-1} K^{-1}}$	$\frac{\Delta_r G_m^o}{kJ \cdot mol^{-1}}$

思考题

1. 如何检查系统是否漏气？
2. 检纯的道理是什么？
3. 在实验装置中，安装缓冲瓶和使用毛细管的道理是什么？
4. 如何从压差计测得系统压力，直接读得的汞高为什么需要校正？

实验五　完全互溶双液系的平衡相图

【实验目的】

(1)绘制常压下环己烷－乙醇双液系的 $T—X$ 图,并找出恒沸点混合物的组成和最低恒沸点;

(2)掌握阿贝折射仪的使用方法。

【实验原理】

常温下,任意两种液体混合组成的体系称为双液体系。若两液体能按任意比例相互溶解,则称完全互溶双液体系;若只能部分互溶,则称部分互溶双液体系。双液体系的沸点不仅与外压有关,还与双液体系的组成有关。恒压下将完全互溶双液体系蒸馏,测定馏出物(气相)和蒸馏液(液相)的组成,就能找出平衡时气、液两相的成分,并绘出 $T—X$ 图。

通常,如果液体与拉乌尔定律的偏差不大,在 $T—X$ 图上溶液的沸点介于 A、B 二纯液体的沸点之间,如图 5－1a 所示。而实际溶液由于 A、B 二组分的相互影响,常与拉乌尔定律有较大偏差,在 $T—X$ 图上就会有最高或最低点出现,这些点称为恒沸点,其相应的溶液称为恒沸点混合物,如图 5－1b、图 5－1c 所示。恒沸点混合物蒸馏时,所得的气相与液相组成相同,因此通过蒸馏无法改变其组成。

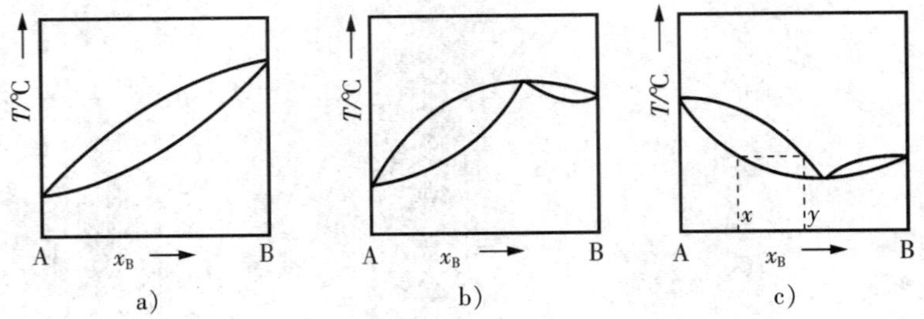

图 5－1　完全互溶双液系的相图

本实验采用回流冷凝的方法绘制环已烷一乙醇体系的 $T—X$ 图。其方法是用阿贝折射仪测定不同组分的体系在沸点温度时气相、液相的折射率，再从折射率一组成工作曲线上查得相应的组成，然后绘制 $T—X$ 图。

【仪器和试剂】

沸点仪 1 套；恒温槽 1 台；阿贝折射仪 1 台；移液管（1mL，2 支；10mL，1 支）；具塞小试管 9 支。

环已烷（A. R）；无水乙醇（A. R）。

【实验步骤】

（1）调节恒温槽温度 30℃，通恒温水于阿贝折射仪中。

（2）测定折射率与组成的关系，绘制工作曲线：将 9 支小试管编号，依次移入 0.100mL、0.200mL、…、0.900mL 的环已烷，然后依次移入 0.900mL、0.800mL、…、0.100mL 的无水乙醇，轻轻摇动，混合均匀，配成 9 份已知浓度的溶液。用阿贝折射仪测定每份溶液的折射率及纯环已烷和纯无水乙醇的折射率。以折射率对浓度作图（按纯样品的密度，换算成质量百分浓度或者摩尔浓度），即得工作曲线。

（3）测定环已烷一乙醇体系的沸点与组成的关系。

如图 5-2 所示。安装好沸点仪，打开冷却水，加热使沸点仪中溶液沸腾。最初冷凝管下端袋状部的冷凝液不能代表平衡时的气相组成。将袋状部的最初冷凝液体倾回蒸馏器，并反复 2～3 次，待溶液沸腾且回流正常，温度读数恒定后，记录溶液沸点。用毛细滴管从气相冷凝液取样口吸取气相样品，把所取的样品迅速滴入阿贝折射仪中，测其折射率 n_g。再用另一支滴管吸取沸点仪中的溶液，测其折射率 n_l。本实验是以恒沸点为界，把相图分成左右两半支，分两次来绘制相图。具体方法如下：

① 右半支　沸点一组成关系的测定。

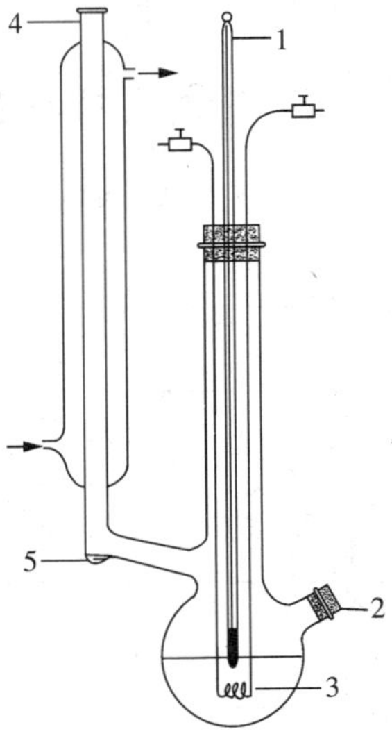

图 5-2　沸点仪

1. 温度测量仪；2. 加料口；3. 加热丝；4. 气相冷凝液取样口；5. 气相冷凝液；

取 20mL 无水乙醇加入沸点仪中，然后依次加入环已烷 0.5mL、1.0mL、1.5mL、2.0mL、4.0mL、14.0mL。用前述方法分别测定溶液沸点及气相组分折射率 n_g、液相组分折射率 n_l。实验完毕，将溶液倒入回收瓶中。

② 左半支　沸点一组成关系的测定。

取 25mL 环己烷加入沸点仪中，然后依次加入无水乙醇 0.1mL、0.2mL、0.3mL、0.4mL、1.0mL、5.0mL，用前述方法分别测定溶液沸点及气相组分折射率 n_g、液相组分折射率 n_L。

【注意事项】

(1)沸点仪中一定加入沸点且打开冷凝水后方可加热。

(2)实验中可调节加热电压来控制回流速度的快慢，电压不可过大，能使待测液体沸腾即可。电阻丝不能露出液面，一定要被待测液体浸没。

(3)在每一份样品的蒸馏过程中，由于整个体系的成分不可能保持恒定，因此平衡温度会略有变化，特别是当溶液中两种组成的量相差较大时，变化更为明显。为此每加入一次样品后，只要待溶液沸腾，正常回流 1～2min 后，即可取样测定，不宜等待时间过长。

(4)每次取样量不宜过多，取样时毛细滴管一定要干燥，不能留有上次的残液，气相部分的样品要取干净。

(5)整个实验过程中，通过折射仪的水温要恒定。使用折射仪时，棱镜不能触及硬物(如滴管)。擦拭棱镜用擦镜纸。

【数据记录与处理】

(1)将实验数据列表，格式见表 5－1、表 5－2。

室温：____________；大气压____________。

表 5－1　环己烷—乙醇标准溶液的折光率

环己烷的摩尔分数	0	0.1	0.2	0.3	0.4	0.5	0.6	0.7	0.8	0.9	1.00		
折光率													

表 5－2　不同组成的环己烷—乙醇溶液的折光率

溶液的大约组成	沸点/℃	折光率								组成	
		气相				液相				气相	液相
		1	2	3	平均	1	2	3	平均		

(2)绘制工作曲线,即环己烷—乙醇标准溶液的折光率与组成的关系曲线。

(3)根据工作曲线确定各待测溶液气相和液相的平衡组成,填入表中。以组成为横轴,沸点为纵轴,绘出气相与液相的平衡曲线,即双液系相图。

(4)由图确定最低恒沸点的温度和组成。

(5)文献值:

① 环乙烷—乙醇体系的折光率—组成关系(见表5-3)。

表5-3　25℃时环己烷—乙醇体系的折光率—组成关系

X乙醇	X环己烷	n25D.
1.00	0.0	1.35935
0.8992	0.1008	1.36867
0.7948	0.2052	1.37766
0.7089	0.2911	1.38412
0.5941	0.4059	1.39216
0.4983	0.5017	1.39836
0.4016	0.5984	1.40342
0.2987	0.7013	1.40890
0.2050	0.7950	1.41356
0.1030	0.8970	1.41855
0.00	1.00	1.42338

② 标准压力下的恒沸点数据(见表5-4)。

表5-4　标准压力下环己烷—乙醇体系相图的恒沸点数据

沸点/℃	乙醇质量分数	X环己烷
64.9	40	1
64.8	29.2	0.570
64.8	31.4	0.545
64.9	30.5	0.555

思考题

1. 该实验中,测定工作曲线时折射仪的恒温温度与测定样品时折射仪的恒温温度是否需要保持一致?为什么?

2. 过热现象对实验产生什么影响?如何在实验中尽可能避免?

3. 在连续测定法实验中,样品的加入量应十分精确吗?为什么?

实验六　二组分金属相图的绘制

【实验目的】

(1)学会用热分析法测绘 Sn—Bi 二组分金属相图；

(2)了解纯物质的步冷曲线和混合物的步冷曲线的形状有何不同，其相变点的温度应如何确定；

(3)了解热电偶测量温度和进行热电偶校正的方法；

(4)掌握步冷曲线的绘制和利用。

【实验原理】

测绘金属相图常用的实验方法是热分析法，其原理是将一种金属或两种金属混合物熔融后，使之均匀冷却，每隔一定时间记录一次温度，表示温度与时间关系的曲线称为步冷曲线。当熔融体系在均匀冷却过程中无相变化时，其温度将连续均匀下降得到一平滑的步冷曲线；当体系内发生相变时，则因体系产生的相变热与自然冷却时体系放出的热量相抵消，步冷曲线就会出现转折或水平线段，转折点所对应的温度，即为该组成体系的相变温度。利用步冷曲线所得到的一系列组成和所对应的相变温度数据，以横轴表示混合物的组成，纵轴上标出开始出现相变的温度，把这些点连接起来，就可绘出相图。二元简单低共熔体系的冷却曲线具有图 6 - 1所示的形状。

用热分析法测绘相图时，被测体系必须时时处于或接近相平衡状态，因此必须保证冷却速度足够慢才能得到较好的效果。此外，在冷却过程中，一个新的固相出现以前，常常发生过冷现象，轻微过冷则有利于测量相变温度；但严重过冷现象，却会使折点发生起伏，使相变温度的确定产生困难。如图 6 - 2 所示。遇此情况，可延长 *dc* 线与 *ab* 线相交，交点 *e* 即为转折点。

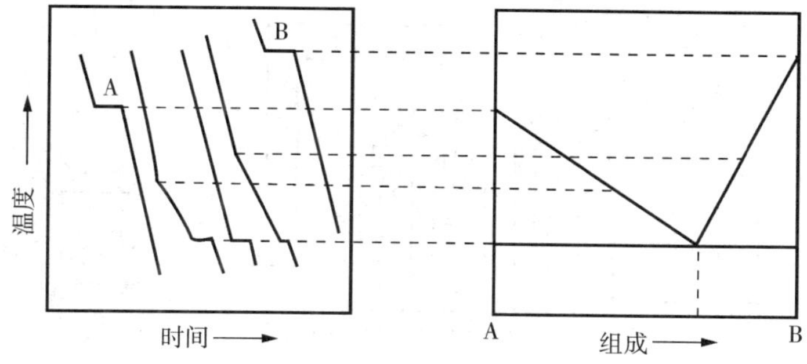

图 6-1 根据步冷曲线绘制相图

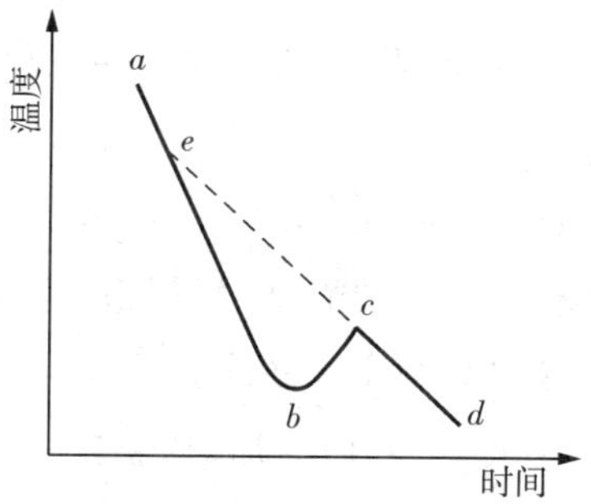

图 6-2 有过冷现象时的步冷曲线

【仪器和试剂】

立式加热炉 1 台；保温炉 1 台；镍铬一镍硅热电偶 1 副；不锈钢样品管 4 个；250mL 烧杯 1 个。

Sn(化学纯)；Bi(化学纯)；石蜡油；石墨粉。

【实验步骤】

1. 样品配制

用感量 0.1g 的台称分别称取纯 Sn、纯 Bi 各 50g，另配制含锡分别为 20%、40%、60%、80%的铋锡混合物各 50g，分别置于坩埚中，在样品上方各覆盖一层石墨粉。

2. 绘制步冷曲线

(1)将热电偶及测量仪器连接好，如图 6-3 所示。

(2)将盛放样品的坩埚放入加热炉内加热(控制炉温不超过 400℃)。待样品熔化后停止加热，用玻璃棒将样品搅拌均匀，并在样品表面撒一层石墨粉，以防止样品氧化。

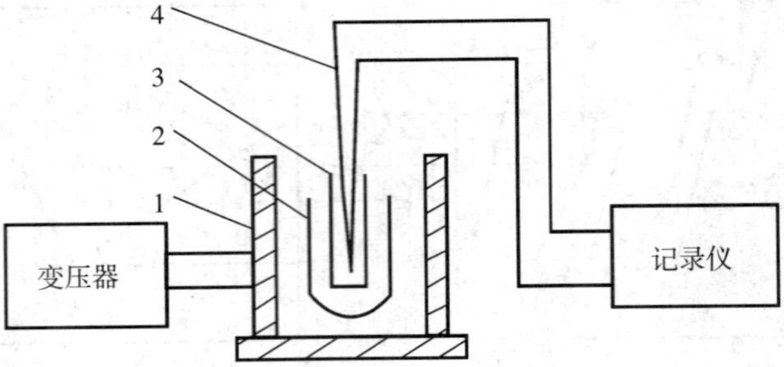

图 6－3　步冷曲线测量装置图

1. 加热炉；2. 不锈钢管；3. 套管；4. 热电偶

(3)将坩埚移至保温炉中冷却，此时热电偶的尖端应置于样品中央，以便反映出体系的真实温度。

(4)按定时键，时间间隔调为 30 或 60 秒，在指示音的提示下，即可每隔一定时间读取温度一次，待转折点和平台出现后，温度均匀下降约 5 分钟即可停止读数。

(5)用上述方法绘制所有样品的步冷曲线。

(6)用小烧杯装一定量的水，在电炉上加热，将热电偶插入水中绘制出水沸腾时的水平线。

【注意事项】

(1)用电炉加热样品时，温度要适当，温度过高样品易氧化变质；温度过低或加热时间不够则样品没有完全熔化，步冷曲线转折点测不出。

热电偶热端应插到样品中心部位，在套管内注入少量的石蜡油，将热电偶浸入油中，以改善其导热情况。

(2)在测定某一样品时，可将另一待测样品放入加热炉内预热，以便节约时间，体系有两个转折点，必须待第二个转折点测完后方可停止实验，否则须重新测定。

电炉加热到设定温度后，注意将电炉电压调到零。

(3)本实验成败的关键是步冷曲线上折变和水平线段是否明显。步冷曲线上温度变化的速率取决于体系与环境间的温差、体系的热容量、体系的热传导率等因素，若体系析出固体放出的热量抵消散失热量的大部分，转折变化明显，否则就不明显。故控制好样品的降温速度很重要，一般控制在 6℃/min ～8℃/min。在冬季室温较低时，就需要给体系降温过程加以一定的电压(约 20V 左右)来减缓降温速率。

(4)本实验所用体系一般为 Sn－Bi、Cd－Bi、Pb－Zn 等低熔点金属体系，但它们的蒸气对人体健康有危害，因而要在样品上方覆盖石墨粉或石蜡油，防止样品的挥发和氧化。搅拌时要注意勿使热端离开样品，金属熔化后常使热电偶玻璃套管浮起，这些因素都会导致测温点变动，必须注意。石蜡油的沸点较低(大约为300℃)，故电炉加热样品时注意不宜升温过高，特别是样品近熔化时所加电压不宜过大，以防止石蜡油的挥发和炭化。

(5)操作要小心烫伤。

【数据记录与处理】

(1)根据记录的数据，以温度为纵坐标、时间为横坐标，作出各组分的冷却曲线；

(2)找出各步冷曲线中拐点和平台对应的温度值；

(3)以温度为纵坐标、物质组成为横坐标，绘出 Sn—Bi 金属相图。

思考题

1. 对于不同成分的混合物的步冷曲线，其水平段有什么不同？为什么？
2. 作相图还有哪些方法？
3. 作图时应注意哪些问题？
4. 做好步冷曲线的关键是什么？
5. 是否可以用升温曲线来做相图？
6. 为什么要缓慢冷却合金做步冷曲线？
7. 为什么样品中严防进入杂质？如果进入杂质则步冷曲线会出现什么情况？
8. 如果研究对象是未知体系，如何确定？

实验七　原电池电动势的测定及其应用

【实验目的】

(1)掌握可逆电池电动势的测量原理和电位差计的操作技术；

(2)学会铜、锌等电极和盐桥的制备方法；

(3)加深对原电池、电极电势等概念的理解。

【实验原理】

凡是能使化学能转变为电能的装置都称之为电池(或原电池)。对定温定压下的可逆电池而言：

$$(\Delta_r G_m)_{T,P} = -zFE \tag{7-1}$$

式中，F 为法拉第(Farady)常数，z 为电极反应式中电子的计量系数，E 为电池的电动势。

可逆电池应满足如下条件：

(1)电池反应可逆，亦即电池电极反应可逆。

(2)电池中不允许存在任何不可逆的液接界。

(3)电池必须在可逆的情况下工作，即充放电过程必须在平衡态下进行，亦即允许通过电池的电流为无限小。

因此在制备可逆电池、测定可逆电池的电动势时应符合上述条件，在精确度不高的测量中，常用正负离子迁移数比较接近的盐类构成“盐桥”来消除液接电位。用电位差计测量电动势也可满足通过电池电流为无限小的条件。

可逆电池的电动势可看作正、负两个电极的电势之差。设正极电势为 φ^+，负极电势为 φ^-，则

$$E = \varphi^+ - \varphi^- \tag{7-2}$$

电极电势的绝对值无法测定，手册上所列的电极电势均为相对电极电势，即以标准氢电极作为标准(标准氢电极是氢气压力为 101325Pa，溶液中各物质活度

为1,其电极电势规定为零)。将标准氢电极与待测电极组成一电池,所测电池电动势就是待测电极的电极电势。由于氢电极使用不便,常用另外一些易制备、电极电势稳定的电极作为参比电极。常用的参比电极有甘汞电极、银一氯化银电极等。这些电极与标准氢电极比较而得的电势已精确测出。

下面以铜锌电池为例,对铜电极可设计电池如下:

$$Zn(S)|ZnSO_4(a_1)\parallel CuSO_4(a_2)|Cu(S)$$

正极(铜电极)的反应为 $Cu^{2+}+2e\longrightarrow Cu$

负极(锌电极)的反应为 $Zn\longrightarrow Zn^{2+}+2e$

电池反应:$Cu^{2+}+Zn\longrightarrow Zn^{2+}+Cu$

相应的电极电势分别为

$$\varphi(Cu^{2+}/Cu)=\varphi^{\theta}(Cu^{2+}/Cu)-(RT/2F)\ln[\alpha(C_u)/\alpha[C_u^{2+}]]$$

$$\varphi(Zn^{2+}/Zn)=\varphi^{\theta}(Zn^{2+}/Zn)-(RT/2F)\ln[\alpha(Z_n)/\alpha(Z_n^{2+})]$$

所以,铜锌电池的电动势为

$$E=\varphi(Cu^{2+}/Cu)-\varphi(Zn^{2+}/Zn)$$

$$=[\varphi^{\theta}(Cu^{2+}/Cu)-\varphi^{\theta}(Zn^{2+}/Zn)]-(RT/2F)\ln[\alpha(C_u)\cdot\alpha(Z_n{}^{2+})]/[\alpha(C_u{}^{2+})\cdot\alpha(Z_n)]$$

$$=E^{\theta}-(RT/2F)\ln[\alpha(C_u)\cdot\alpha(Z_n^{2+})]/[\alpha(C_u^{2+})\cdot\alpha(Z_n)]$$

纯固体的活度为1,所以,上式变为 $E=E^{\theta}-(RT/2F)\ln[\alpha(Z_n^{2+})]/[\alpha(C_u^{2+})]$

电池电动势不能用伏特计来直接测量,因为当把伏特计与电池接通后,由于电池的放电,不断发生化学变化,电池中溶液的浓度将不断改变,因而电动势也会发生变化。另一方面,电池本身存在内电阻,在电池内阻上要产生电位降,从而使得两极间的电位差较电池电动势变小。因此,只有在没有电流通过电池时两电极的电位差才与电池电动势相等。所以不能直接用伏特计来测量一个可逆电池的电动势,就是因为使用伏特计时必然有限的电流通过回路才能驱动指针旋转所得结果必然不是可逆电池电动势,而是不可逆电池两极间的电位差。

一般用对消法测可逆电池的电动势,常用的仪器为电位差计,电位差计是按对消法测量原理而设计的一种平衡式电压测量仪器,它与标准电池、检流计等相配合,成为电压测量的基本仪器。

图7-1是对消法测量原理示意图,其中 E_w 是工作电池;R_p 是电位差计上均匀的滑线电阻;E_n 是标准电池;E_x 是待测电池;G 是检流计;K 是转换开关。

由图 7－1 可知，一台较完善的电位差计基本上由三个回路（工作电流回路、标准电流回路和测量回路）组成。

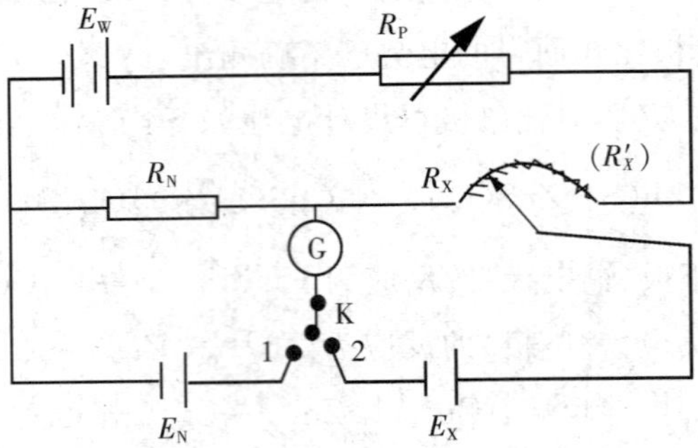

图 7－1 对消法原理图

（1）工作电流回路：也叫电源回路，从工作电池正极开始经工作电流调节电阻 R_p，再经滑线电阻 R_x 及电阻 R_n，回到工作电池负极，它的作用是借助于调节 R_p 使在 R_n 及 R_x 上产生一定的电位降。

（2）标准回路：是校准工作电流的回路。从标准电流的正极开始（当开关 1 与检流计接通时）经检流计，再经 R_n，回到标准电池负极，它的作用是校准工作电流以标定 R_x 上的电位降。借助于调节 R_p。使检流计中 G 电流为零 $I_g=0$，此时，$I\cdot R_n=E_n$，R_n 上的电位降与标准电池的电动势 E_n 相对消，大小相等而方向相反。工作电流 $I=E_n/R_n$。

（3）测量回路：从待测电池的正极开始（当开关 2 与检流计接通时），经滑线电阻 R_x 检流计，回到待测电池负极，它的作用是用定好的 R_x 的电位降来测量为知电池的电动势，再保持校准后的工作电流 I 不变（即 R_p 固定）的条件下，在 R_x 上寻找 R_x 点，使检流计 G 中的电流为零。$I_g=0$，从而 $I\cdot R_x=E_x$，使 R_x 上电位降与待测电池的电动势 E_x 相对消，大小相等而相反。

由此可见，因工作电流相同，则

$$E_x=I\cdot R_x=\frac{R_x}{R_n}\cdot E_n \tag{7-3}$$

由于 R_x 的电位降事先已标定，有时可直接从 R_x 对应的刻度盘上读出 R_x 产生的电位降，即待测电池的电动势 E_x，这种测量方法又称补偿法。

应用对消法测量电动势有下列优点。

① 在两次平衡中指零仪都指零，没有电流通过它，也就是说，电位差计既不从标准电池中吸取能量，也不从被测电池中吸取能量。这表明标准电池的电动势 E_n

的测量中仅作为电动势的参考标准，而且测量时并不改变被测对象的状态，即被测电动势能高度准确的保持其原有得数值。

② 不需要测出线路中所通过电流 I 的数值，只需测得 R_n 与 R_x 的值就可以了。

③ 测量结果的准确性是依赖于电动势 E_n 即被测电动势的补偿电阻 R_x 与标准电池的补偿电阻 R_n 的比值的准确性，由于标准电池及电阻 R_x、R_n 都可以制造达到较高的精密度，再与高灵敏度的检流计配合，使测量结果极为准确。

【仪器和试剂】

1. 仪器

电位差计 1 台；铜电极 2 只；锌电极 1 只；直流复射式检流计 1 台；滑线电阻 1 只；毫安表 1 只；精密稳压电源（或蓄电池）1 台；铂电极 2 只；盐桥数只；标准电池 1 只；饱和甘汞电极 1 只。

2. 药品

0.1M$CuSO_4$；6M 稀 HNO_3；KCl 饱和溶液；镀铜溶液；0.1M$ZnSO_4$；3M 稀 H_2SO_4；$Hg_2(NO_3)_2$ 饱和溶液；纯汞。

【实验步骤】

1. 电极的制备

(1)锌电极的制备

将锌电极在 3M 稀硫酸溶液中浸泡片刻，取出洗净，浸入汞或饱和硝酸亚汞溶液中约 10s，表面上即生成一层光亮的汞齐，用水冲洗晾干后，插入 0.1M $ZnSO_4$ 中待用。

(2)铜电极的制备

将铜电极在 6M 稀硝酸中浸泡片刻，取出洗净，作为负极，以另一铜板作正极，在镀铜液中电镀(镀铜液组成为：每升中含 125g$CuSO_4 \cdot 5H_2O$，25gH_2SO_4，50mL 乙醇)。如图 7－2 所示。控制电流为 20mA，电镀 20min 得表面呈红色的 Cu 电极，洗净后放入 0.1000mol·kg^{-1} $CuSO_4$ 中备用。

2. 盐桥制备(教师已制备好)

(1)简易法

用滴管将饱和 KNO_3(或 NH_4NO_3)溶液注入 U 型管中，加满后用捻紧的滤纸塞紧 U 型管两端即可，管中不能存有气泡。

(2)凝胶法

称取琼脂 1g 放入 50mL 饱和 KNO_3溶液中，浸泡片刻，再缓慢加热至沸腾，待琼脂全部溶解后稍冷，将洗净之盐桥管插入琼脂溶液中，从管的上口将溶液吸满(管中不能有气泡)，保持此充满状态冷却到室温，即凝固成冻胶固定在管内。取出擦净备用。

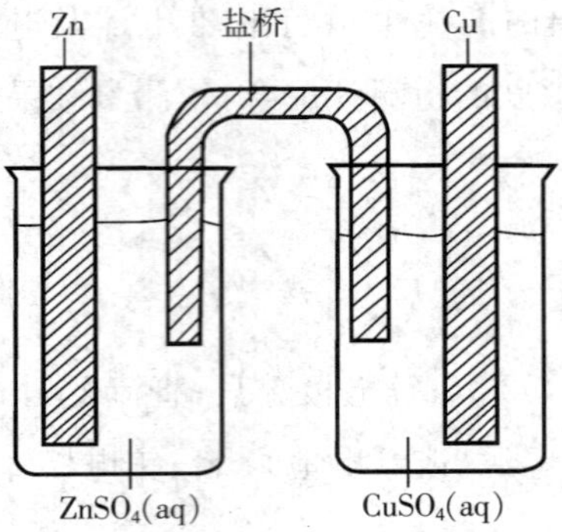

图 7-2 原电池装置示意图

3. 电动势的测定

(1)按有关电位差计附录，接好测量电路 → 计算室温下的标准电池的电动势 → 标定电位差计的工作电流。

(2)分别测定下列三个原电池的电动势。

A. $Zn(s)|ZnSO_4(0.1000M)\parallel KCl$(饱和)$|\ Hg_2Cl_2(s)-Hg(l)$

B. $Hg(l)-Hg_2Cl_2(s)|KCl$(饱和)$\parallel CuSO_4(0.1000M)|Cu(s)$

C. $Zn(s)|ZnSO_4(0.1000M)\parallel CuSO_4(0.1000M)|Cu(s)$

测量时应在夹套中通入 25℃恒温水。为了保证所测电池电动势的正确，必须严格遵守电位差计的正确使用方法。当数值稳定在±0.1mV 之内时即可认为电池已达到平衡。

【注意事项】

(1)制备电极时，防止将正负极接错，并严格控制电镀电流；

(2)在测定时要避免检流计猛打一边的情况出现；

(3)当检流计总向一边偏移时，检查是否正负极接反；

(4)实验过程中，调整仪器时要求操作轻。

【数据记录与处理】

实验数据记录

室温：____________℃；大气压力：____________Pa；

$ZnSO_4$ 溶液____________；$CuSO_4$ 溶液____________。

(1)记录上列三组电池的电动势测定值____________。

(2)计算时遇到电极电位公式(式中 t 为℃)如下：

$$\varphi(\text{饱和甘汞})=0.24380-6.5\times10-4(t-25)$$

(3)计算时有关电解质的离子平均活度系数 $\gamma\pm$(25℃)如下：

$$0.1000\text{M}CuSO_4\ \gamma(C_u^{2+})=\gamma\pm=0.16$$

$$0.1000\text{M}ZnSO_4\ \gamma(Z_n^{2+})=\gamma\pm=0.15$$

(4)由测得的三个原电池的电动势进行以下计算：

① 由原电池 A 获得 $\varphi(Z_n^{2+}/Zn)$和 $\varphi^{\theta}(Z_n^{2+}/Zn)$。

② 由原电池 B 获得 $\varphi(C_u^{2+}/Cu)$和 $\varphi^{\theta}(C_u^{2+}/Cu)$。

③ 将原电池 C 测得的电动势同 A 与 B 得到的电极电动势计算该电池的电动势。两者进行比较。

④ 将计算结果与文献值比较。

思考题

1. 电位差计、标准电池、检流计及工作电池各有什么作用？如何保护及正确使用？

2. 参比电极应具备什么条件？它有什么功用？

3. 若电池的极性接反了有什么后果？

4. 盐桥有什么作用？选用作盐桥的物质应有什么特点？

实验八　电导的测定及其应用

【实验目的】

(1)了解溶液的电导、电导率和摩尔电导的概念；

(2)测量电解质溶液的摩尔电导及难溶盐的溶解度。

【实验原理】

1. 电解质溶液的电导、电导率、摩尔电导率

(1)电导

对于电解质溶液，常用电导表示其导电能力的大小。电导 G 是电阻 R 的倒数，即 $G=1/R$。

电导的单位是西门子，常用 S 表示，$1S=1\Omega^{-1}$。

(2)电导率或比电导

$$\kappa=G\cdot l/A \tag{8-1}$$

其意义是电极面积为 $1m^2$、电极间距为 $1m$ 的立方体导体的电导，单位为$S\cdot m^{-1}$。

对电解质溶液而言，令 $l/A=K_{cell}$ 称为电导率常数。所以

$$\kappa=G\cdot l/A=G\cdot K_{cell}$$

K_{cell} 可通过测定已知电导率的电解质溶液的电导而求得。

(3)摩尔电导率 Λ_m

$$\Lambda_m=\kappa/c \tag{8-2}$$

当溶液的浓度逐渐降低时，由于溶液中离子间的相互作用力减弱，所以摩尔电导率逐渐增大。柯尔劳施根据实验得出强电解质稀溶液的摩尔电导率 Λ_m 与浓度有如下关系：

$$\Lambda_m=\Lambda_m^{\infty}-A\sqrt{c} \tag{8-3}$$

Λ_m^{∞}为无限稀释摩尔电导率。可见，以Λ_m对$\sqrt{c}$作图得一直线，其截距即为Λ_m^{∞}。

弱电解质溶液中，只有已电离部分才能承担传递电量的任务。在无限稀释的溶液中可认为弱电解质已全部电离。此时溶液的摩尔电导率为Λ_m^{∞}，可用离子极限摩尔电导率相加求得。

$$\Lambda_m^{\infty}=\nu_+\Lambda_{m,+}^{\infty}+\nu_-\Lambda_{m,-}^{\infty} \tag{8-4}$$

2. $PbSO_4$的溶解度的测定

首先测定$PbSO_4$饱和溶液的电导率$\kappa_{溶液}$，因溶液极稀，必须从$\kappa_{溶液}$中减去水的电导率$\kappa_{水}$即

$$\kappa_{PbSO4}=\kappa_{溶液}-\kappa_{水} \tag{8-5}$$

$$c=\frac{\kappa_{PbSO_4}}{\Lambda_{m,PbSO_4}^{\infty}} \tag{8-6}$$

【仪器和试剂】

DDS—307型电导率仪(1台)；锥形瓶(250mL 1个)；铂黑电极(1支)；烧杯(150mL 1个)；SYP型玻璃恒温水浴(1套)；容量瓶(250mL 1个)；滴定管(50mL1支)；高脚烧杯(100mL)(编号干燥8个)；容量瓶(50mL)(编号6个)；烧杯(150mL、400mL各1个)；玻璃棒、药勺、吸耳球(各1个)；滴管、移液管架(各1个)；铁架台(1个)；移液管(10mL、15mL各1支)；KCl(分析纯)、$PbSO_4$(分析纯)；HAc(0.0200mol/l)。

【实验操作步骤】

(1)调节恒温槽温度至(25.0±0.1)℃。

(2)准确配制0.0200mol·L^{-1} KCl溶液250mL。

(3)洗净6个50mL容量瓶，用50mL滴定管中分别取0.0200mol·L^{-1} KCl溶液40mL，25mL、20mL、15mL、10mL、5mL于6个50mL容量瓶中，稀释至刻度。

(4)将上述溶液分别倒入6个干燥的100mL烧杯(须编号)中，恒温10分钟，测定电导率。

(5)用15mL移液管准确移取0.0200mol·L^{-1}HAc溶液于干燥的100mL烧杯中，恒温10分钟，测定其电导率。然后用10mL移液管准确移取10mL去离子水，注入HAc溶液中，混合均匀，恒温10分钟后，测定其电导率，如此操作，依次再稀释3次，测定不同浓度的醋酸溶液的电导率。

(6)测定 $PbSO_4$溶液的电导率。

将约 1g 固体 $PbSO_4$放入 250mL 锥形瓶中，加入约 100mL 去离子水，摇动并加热至沸腾。倒掉清液，以除去可溶性杂质。按同法重复两次。再加入约 100mL 去离子水，加热至沸腾，使之充分溶解。然后放在恒温槽中，恒温 10 分钟使固体沉淀。将上层溶液倒入一干燥的 100mL 烧杯中，恒温后测其电导率，然后换溶液再测两次，求平均值。

(7)测定去离子水的电导率。

取约 50mL 去离子水放入一干燥的 100mL 烧杯中，待恒温后，测电导率三次，求平均值。

【数据记录与处理】

(1)计算水及各种浓度的 KCl 溶液的电导率，由此求出 KCl 溶液的摩尔电导率；

(2)分别将 KCl 和 HAc 溶液的摩尔电导率对浓度 c 的平方根($\sqrt{c}$)作图，并对作图结果进行讨论；

(3)将 KCl 的曲线外推至$\sqrt{c}$为 0 时，求出 KCl 的 Λ_m^∞，并与文献值比较，表示出 KCl 溶液的摩尔电导率与浓度的关系式

$$\Lambda_m = \Lambda_m^\infty - A\sqrt{c}$$

(4)计算 $PbSO_4$的溶解度。

已知：

$$\Lambda_m^\infty(1/2\ SO_4^{2-}) = 79.8 \times 10^{-4}\ S \cdot m^2 \cdot mol$$

$$\Lambda_m^\infty(1/2\ Pb^{2+}) = 71 \times 10^{-4}\ S \cdot m^2 \cdot mol$$

思考题

1. 什么叫溶液的电导、电导率和摩尔电导率？
2. 影响摩尔电导率的因素有哪些？
3. 为什么本实验要用铂电极？

实验九　乙酸乙酯的合成和皂化反应速度常数的测定

【实验目的】

(1)了解 DDS－11A 型电导率仪的测量原理,掌握该电导率仪的使用方法;

(2)掌握电导法测定乙酸乙酯皂化反应的级数、速率常数和活化能的原理和方法。

【实验原理】

乙酸乙酯的皂化反应是二级反应,反应式为

$$CH_3COOC_2H_5 + OH^- = CH_3COO^- + C_2H_5OH$$

设该反应的反应物乙酸乙酯和碱(NaOH)的起始浓度相同,均为 C_0,则其反应的动力学方程式为

$$\frac{dC}{dt} = kC^2 \qquad (9-1)$$

积分得

$$k = \frac{1}{tC_0}\frac{C_0 - C}{C} \qquad (9-2)$$

式中,C_0 和 C 分别为反应物的起始浓度和反应进行中任一时刻 t 的浓度。

测定反应进程中任一时刻 t 的浓度有多种方法,本实验采用电导法测定。

用电导法测定任一时刻浓度(C)值的依据是:在所研究的体系中,乙酸乙酯和乙醇不具有明显的导电性,它们浓度的改变不致影响电导率。体系中对电导率影响较大的仅仅是 CH_3COO^- 和 OH^-。由于 OH^- 迁移率约为 CH_3COO^- 的五倍,所以,溶液的电导率随着 OH^- 的消耗而逐渐变小,并且电导率的降低与反应混合物中 OH^- 浓度的减少成正比。

如此以 κ_0 表示时间 $t=0$ 时 NaOH 溶液的电导率,κ_t 为时间 $t=t$ 时溶液的电导

率，κ_∞为时间 $t=\infty$时溶液的电导率，那么当时间由 0 变化到 t 时，溶液电导率的变化($\kappa_0-\kappa_t$)与溶液浓度的变化(C_0-C)成正比；当时间由 t 变化到 t_∞时，溶液电导率的变化($\kappa_t-\kappa_\infty$)则与浓度的变化($C-C_\infty$)成正比。即

$$\frac{\kappa_0-\kappa_t}{\kappa_t-\kappa_\infty}=\frac{C_0-C}{C-C_\infty} \tag{9-3}$$

又因反应基本上是不可逆的，故反应终了时，NaOH 的浓度 C_∞应为零，即 $C_\infty=0$，所以式(9－3)可改写成：

$$\frac{\kappa_0-\kappa_t}{\kappa_t-\kappa_\infty}=\frac{C_0-C}{C} \tag{9-4}$$

将式(9－4)代入式(9－2)，并整理得

$$\kappa_t=\frac{1}{C_0k}\frac{\kappa_0-\kappa_t}{t}+\kappa_\infty \tag{9-5}$$

由式(9－5)可知，通过作 κ_t 对$\frac{\kappa_0-\kappa_t}{t}$图，可从直线斜率求得速率常数 k 值。

【仪器与试剂】

1. 仪器

DDS—11A 型电导率仪；恒温装置 1 套；Y 形反应管 1 只(见图 9－1)；试管 1 只；50mL 容量瓶 3 只；25mL 移液管 3 支；5mL 刻度移液管 1 支；洗耳球 1 个；小滴瓶 1 只；滴管 1 支。

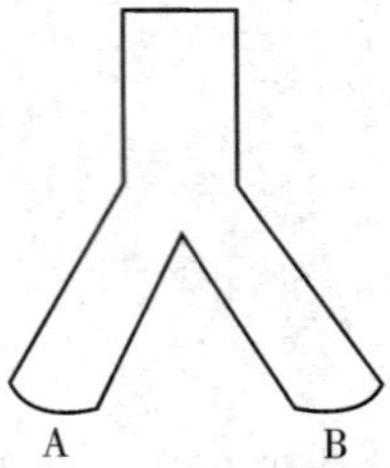

图 9－1 Y 形反应管

2. 试剂

乙酸乙酯(A. R)；NaOH(无 Na_2CO_3、NaCl 等杂质)；电导水。

【实验步骤】

(1)调节好恒温浴温度。

(2)配制浓度约为 0.02mol·L^{-1}的乙酸乙酯溶液，其方法为：先在 50mL 容量

瓶中加入约 2/3 体积的水，然后加入 5 滴乙酸乙酯，摇匀后称重。由两次质量之差求得乙酸乙酯的准确质量，并进一步算得乙酸乙酯的浓度。注意：为防止乙酸乙酯挥发，称量时须盖好瓶口。

(3)配制与乙酸乙酯相等浓度的 NaOH 溶液：根据上述乙酸乙酯的浓度，用标准 NaOH 浓溶液配制所需浓度的 NaOH 溶液。

(4)测定 κ_0：将上述配制的 NaOH 溶液用容量瓶准确稀释一倍，一部分倒入试管（近一半高度）中，铂黑电导电极经余下的溶液淋洗后插入试管中，并置恒温浴中恒温 10 分钟。调节电导率仪并开始测量。测 0.01mol·L^{-1}NaOH 溶液的电导率时，电导率仪的量程开关拨到“2－20ms”档处较好。

(5)κ_t 的测定：将干燥洁净的 Y 形反应管（见图 9－1）放在恒温浴中并夹好，用移液管取步骤(3)所制的 NaOH 溶液 25mL 放入 A 管；用另一支移液管取 25mL 乙酸乙酯溶液放入 B 管，将铂黑电极经电导水洗后，用滤纸小心吸干电极上的水（千万不要碰到电极上的铂黑！），然后将电导电极插入 A 管。恒温 10 分钟后将乙酸乙酯溶液迅速倒入 A 管（不要用力过猛使溶液溅出），与 NaOH 溶液混合，并开始记录时间。皂化池抖动几次即可混合均匀。开始每隔 2 分钟读一次数据，以后时间间隔可逐渐增加，共需测定 45 分钟。

实验完后，将电导电极用电导水洗净，并插入装有蒸馏水的试管中。

【数据记录与处理】

(1)作 κ_t—t 图。

(2)在 κ_t—t 图中选取 10 个与 t 相应的 κ_t 值，按下表处理。

时间	κ_t	$\kappa_0-\kappa_t$	$(\kappa_0-\kappa_t)/t$

(3)作 κ_t—$(\kappa_0-\kappa_t)/t$ 图，由直线的斜率求出相应温度下的 k 值。

【注意事项】

(1)为保证 NaOH 溶液不含碳酸盐等杂质，可用分析纯氢氧化钠配成饱和溶液(约 $14\text{mol}\cdot\text{L}^{-1}$)，使用时取上部清液将其稀释。所用乙酸乙酯也应新配制，不宜放置太久，配溶液时应采用电导水。

(2)本实验可采用交流电桥测体系的电导，这时 9 - 5 式可改写为

$$G_t=\frac{1}{C_0k}\frac{G_0-G_t}{t}+G_\infty \tag{9-6}$$

采用电桥法测量精密度比采用电导率仪高。

(3)反应速率常数(k)与温度(T)的关系一般符合阿仑尼乌斯方程，即

$$\frac{\mathrm{dln}k}{\mathrm{d}t}=\frac{E_a}{RT^2} \tag{9-7}$$

积分得

$$\lg k=-\frac{E_a}{2.303RT}+I \tag{9-8}$$

式中，I 是积分常数，E_a 是反应的表现活化能。显然，在不同温度下测得速率常数(k)，作 $\lg k$ 对 $1/T$ 图应得一直线，由直线的斜率可算出该反应的表现活化能(E_a)的值。

思考题

1. 配制乙酸乙酯溶液时，为什么在容量瓶中要事先加入适量的电导水？
2. 为什么乙酸乙酯与 NaOH 溶液浓度必须足够稀？
3. 若乙酸乙酯与 NaOH 的起始浓度不等，应如何计算速率常数(k)？

实验十　最大气泡法测定溶液中的吸附作用和表面张力的测定

【实验目的】

(1)了解表面张力的性质、表面能的意义以及表面张力和吸附的关系；

(2)掌握一种测定表面张力的方法——最大气泡法；

(3)学会计算乙醇水溶液的表面张力、表面吸附量及乙醇分子的横截面积。

【实验原理】

(1)物体表面分子和内部分子所处的境遇不同,表面层分子受到向内的拉力,所以液体表面都有自动缩小的趋势(见图 10-1)。如果把一个分子由内部迁移到表面,而增大表面积就需要对抗拉力而做功。在温度、压力和组成恒定时,可逆地使表面增加 dA 所需对体系做的功,叫表面功。可以表示为

$$-\delta w'=\sigma \mathrm{d}A \tag{10-1}$$

式中,σ 为比例常数,反映液体表面自动缩小趋势的能力。

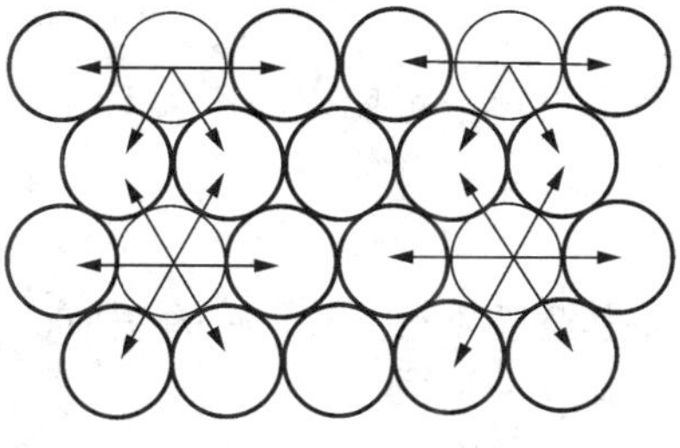

图 10-1　分子间吸引示意图

显然,σ 在数值上等于当 T、p 和组成恒定的条件下增加单位表面积时所必须对体系做的可逆非膨胀功,也可以说是每增加单位表面积时体系自由能的增加值。环境对体系作的表面功转变为表面层分子比内部分子多余的自由能。因此,σ 称为表面自由能,其单位是 J/m^2。此单位可化为牛顿每米(N/m),据此可把 σ 看做是液体表面单位长度上的力,它导致缩小液体的表面积,此力称为表面积张力。表面张力是液

体的重要特性之一，与所处的温度、压力、浓度以及共存的另一相的组成有关。纯液体的表面张力通常是指该液体与饱和了其本身蒸气的空气共存的情况而言。

(2)液体表面层的组成与内部层相同，因此，纯液体降低体系表面自由能的唯一途径是尽可能缩小其表面积。对于溶液则由于溶质会影响表面张力，因此可以调节溶质在表面层的浓度来降低表面自由能。

根据能量最低原则，溶质能降低溶剂的表面张力时，表面层中溶质的浓度应比溶液内部来得大。反之溶质使溶剂的表面张力升高时，它在表面层中的浓度比在内部的浓度来得低，这种表面浓度与溶液内部浓度不同的现象叫“溶液表面的吸附”。显然，在指定温度和压力下，吸附与溶液的表面张力及溶液的浓度有关。1878 年，Gibbs 用热力学的方法推导出它们之间的数量关系式：

$$\Gamma=-\frac{c}{RT}\left(\frac{\mathrm{d}\sigma}{\mathrm{d}c}\right)_T \tag{10-2}$$

式中，Γ 为溶液在表面层中的吸附量，即表面超量(单位 $\mathrm{mol\cdot dm^{-3}}$)；$\sigma$ 为溶液的表面张力($\mathrm{J\cdot m^{-2}}$)；T 为热力学温度；c 为溶液浓度(单位 $\mathrm{mol\cdot dm^{-3}}$)；$R$ 为气体常数。

当$\left(\frac{\mathrm{d}\sigma}{\mathrm{d}c}\right)_T<0$ 时，Γ 称为正吸附；反之，当$\left(\frac{\mathrm{d}\sigma}{\mathrm{d}c}\right)_T>0$ 时，Γ 称为负吸附。前者表明加入溶质使液体表面张力下降，此类物质称表面活性物质。后者表明加入溶质使液体表面张力升高，此类物质称非表面活性物质。因此，从 Gibbs 关系式可看出，只要测出不同浓度溶液的表面张力，以 σ 对 c 作图，在 $\sigma\sim c$ 图的曲线上作不同浓度的切线，把切线的斜率代入 Gibbs 吸附公式，即可求出不同浓度时气～液界面上的吸附量 Γ。

在一定的温度下，吸附量与溶液浓度之间的关系由 Langmuir 等温式表示：

$$\Gamma=\Gamma_\infty\cdot\frac{Kc}{1+Kc} \tag{10-3}$$

式中，Γ_∞ 为饱和吸附量，K 为经验常数，与溶质的表面活性大小有关。将(10－3)式取倒数可化成直线方程，则

$$\frac{c}{\Gamma}=\frac{c}{\Gamma_\infty}+\frac{1}{K\Gamma_\infty} \tag{10-4}$$

若以$\frac{c}{\Gamma}$对 c 作图可得一直线，由直线斜率即可求出 Γ_∞。

假若在饱和吸附的情况下，在气—液界面上铺满竖直排列的一单分子层，$1\mathrm{m^2}$ 表面上溶质的分子数为 $\Gamma_\infty\cdot L$(L 为阿佛加得罗常数)，则可应用下式求得被测物质的横截面积 S_0。

$$S_0=\frac{1}{\Gamma_\infty \cdot L} \tag{10-5}$$

(3)最大气泡法测定表面张力的装置(见图 10－2)和原理。

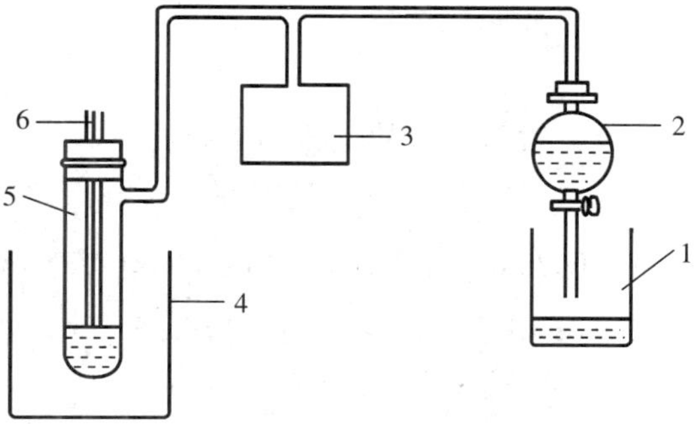

图 10－2　最大气泡法测表面张力的装置

1. 烧杯;2. 滴液漏斗;3. 数字式微压差测量仪;4. 恒温装置;5. 带有运管的试管;6. 毛细管

将待测表面张力的液体装入带支管的试管中，盖上带有毛细管的塞子(组成表面张力仪)。当表面张力仪中的毛细管端面与待测液体面相切时，液面即沿毛细管上升。打开分液漏斗的活塞，使水缓慢下滴而减少系统压力。这样毛细管内液面上受到一个比试管中液面上大的压力，而把管中液面压至管口。当此压力差在毛细管端面上产生的作用力稍大于毛细管口液体的表面张力时，便形成最大的气泡而从毛细管口逸出。这一最大压力差可由 U 型压力计上读出。根据拉普拉斯方程，此压力差 ΔP_{max} 与毛细管口半径 R 的关系式为

$$P_{大气}-P_{系统}=\Delta P_{max} \tag{10-6}$$

这一最大压力差 ΔP_{max} 可用 U 型压力计中最大的液柱差 Δh_{max} 表示：

$$\Delta P_{max}=\rho g \cdot \Delta h_m=\frac{2\sigma}{R} \tag{10-7}$$

式中，ρ 为 U 型管中液体的密度，g 为重力加速度，因此有

$$\sigma=\frac{1}{2}\rho g \Delta h_{max}=K \cdot \Delta h_m \tag{10-8}$$

式中，K 为仪器常数(亦称毛细管常数)。因此，以已知表面张力的液体为标准，从(10－8)式即可求出 K，再测得其他液体的 Δh_{max}，便可计算其表面张力 σ。

【仪器和药品】

恒温装置 1 套;烧杯(25ml)1 个;带有支管的试管(附木塞)1 支;毛细管(半径

为 0.150～0.020mm)1 根；容量瓶(50mL)8 只；数字式微压差测量仪 1 台；乙醇(分析纯)。

【实验步骤】

(1)安装仪器：

洗净仪器并按图装置。对需干燥的仪器作干燥处理。

(2)配置乙醇溶液：

分别配制 0.02mol/L，0.05mol/L，0.10mol/L，0.15mol/L，0.20mol/L，0.25mol/L，0.30mol/L，0.35mol/L 乙醇溶液各 50mL。

(3)调节恒温为 25℃。

(4)仪器常数测定，先以蒸馏水作为待测液测定其仪器常数。方法是将干燥的毛细管垂直地插到使毛细管的端点刚好与水面相切，打开滴液漏斗，控制滴液速度，使毛细管逸出的气泡，速度约为 2～3s 1 个。在毛细管口气泡读出 U 型管两边液面最大高度差 Δh_{max}。可读三次，取其平均值。通过手册查出实验温度时水的表面张力，利用公式 $K=\sigma/\Delta h_{max}$，求出仪器常数 K。

(5)待测样品表面张力的测定：

用待测溶液洗净试管和毛细管，加入适量样品于试管中，按照仪器常数测定的方法，测定不同待测样品的 Δh_{max}。计算其表面张力 σ。

(6)乙醇溶液的折光率测定：

每个样品测出 Δh_{max}后，随即用滴管吸取该溶液 1～2 滴，置于棱镜上，用阿贝折光仪测其折光率(n_D)。查工作曲线得各样品的准确浓度。

【注意事项】

(1)测定用的毛细管一定要洗干净，否则气泡可能不能连续稳定地流过，而使压差计读数 I 不稳定，如发生此种现象，毛细管应重洗；

(2)毛细管一定要保持垂直，管口刚好插到与液面接触；

(3)杂质对 σ 的影响很大，配制溶液应使蒸馏水；

(4)应读出气泡单个逸出时的最大压力差；

(5)σ 与温度密切相关，应使表面张力仪浸入恒温槽的水中。

【数据记录与处理】

(1)由附录表中查出实验温度时水的表面张力，算出毛细管常数 K。

(2)由实验结果计算各份溶液的表面张力 σ,并作 $\sigma \sim c$ 曲线。

(3)在 $\sigma \sim c$ 曲线上分别在 0.050mol/L,0.100mol/L,0.150mol/L,0.200mol/L,0.250mol/L 和 0.300mol/L 处作切线,分别求出各浓度的 $\left(\frac{d\sigma}{dc}\right)_T$ 值,并计算在各相应浓度下的 Γ。

(4)用 $\frac{c}{\Gamma}$ 对 c 作图,应得一条直线,由直线斜率求出 Γ_∞。

(5)根据公式(10.5)计算乙醇分子的横截面积 S。

项目＼溶液		A	B	C	D	E	F	G	H	H_2O
Δh	1									
	2									
	3									
	$\Delta \bar{h}$									
$\sigma \times 10^2$(N/m)										
n_D^{25}										
$c\%$										
$\left(\frac{d\sigma}{dc}\right)_T \times 10^3$										
$\Gamma \times 10^6$(mol/m^2)										
$c/\Gamma \times 10^{-4}$										

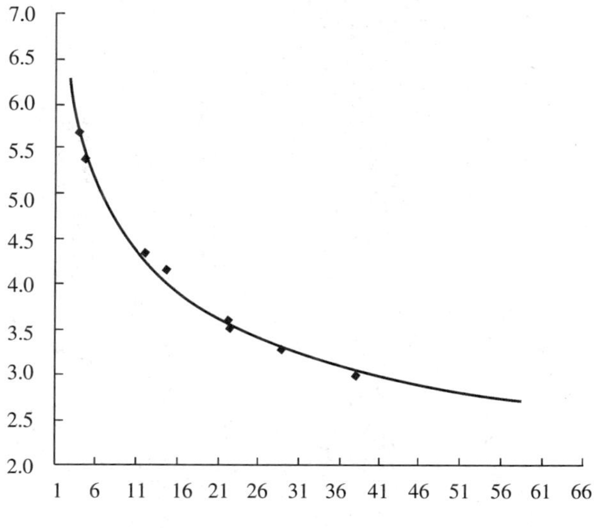

图 10-3　$\sigma \times 10^2$—$c\%$关系图

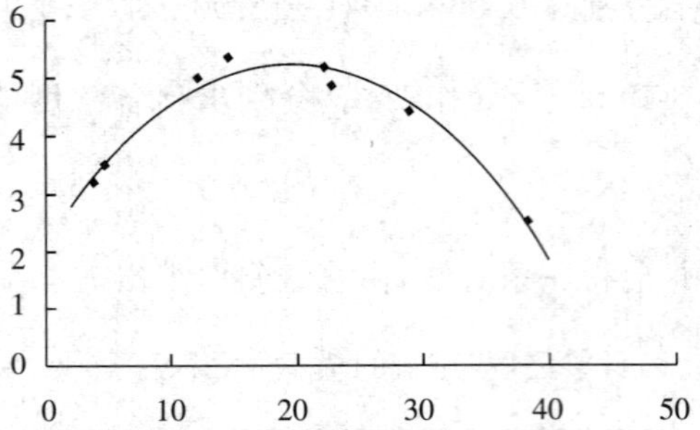

图 10－4　$\Gamma \times 10^6$—c%关系图

思 考 题

1. 用最大气泡法测定表面张力时为什么要读最大压力差？
2. 如果毛细管末端插入溶液中进行测量行吗？为什么？
3. 本实验中为什么要读取最大压力差？

实验十一　差热分析

【实验目的】

(1)用差热仪绘制 $CuSO_4 \cdot 5H_2O$ 等样品的差热图;

(2)了解差热分析仪的工作原理及使用方法;

(3)了解热电偶的测温原理和如何利用热电偶绘制差热图;

(4)掌握差热分析原理和定性解释差热谱图。

【实验原理】

物质在受热或冷却过程中,当达到某一温度时,往往会发生熔化、凝固、晶型转变、分解、化合、吸附、脱附等物理或化学变化,并伴有焓的改变,因而产生热效应,其表现为物质与环境(样品与参比物)之间有温度差。差热分析(Differentiai Thermal Analysis. 简称 DTA)就是通过温差测量来确定物质的物理化学性质的一种热分析方法。

差热分析仪的结构如图 11-1 所示。它包括带有控温装置的加热炉、放置样品和参比物的坩埚、用以盛放坩埚并使其温度均匀的保持器、测温热电偶、差热信号放大器和信号接收系统(记录仪或微机)等。差热图的绘制是通过两支型号相同的热电偶,分别插入样品和参比物中,并将其相同端连接在一起(即并联,见图 11-1)。A、B 两端为炉温信号。若炉子等速升温,则电脑上记录下一条倾斜直线 T(见图 11-2);A、C 端为差热信号。若样品不发生任何变化,样品和参比物的温度相同,两支热电偶产生的热电势大小相等,方向相反,所以 $\Delta V_{AC}=0$,图上为一条直线,如图 11-2 中 AB、DE、GH 段是平直的基线。反之,样品发生物理化学变化时,$\Delta V_{AC}\neq 0$,电脑记录下差热峰如图 11-2 中 BCD、EFG 所示。电脑所记录的时间—温度(温差)图就称为差热图,或称为热谱图。

从差热图上可清晰地看到差热峰的数目、位置、方向、宽度、高度、对称性以及峰面积等。峰的数目表示物质发生物理化学变化的次数;峰的位置表示物质发生变化的转化温度 T_B(见图 11-2);峰的方向表明体系发生热效应的正负性;峰面积说明热效应的大小：相同条件下，峰面积大的表示热效应也大。在相同的测定条件下，许多物质的热谱图具有特征性：即一定的物质就有一定的差热峰的数目、位置、方向、峰温等，因此，可通过与已知的热谱图的比较来鉴别样品的种类、相变温度、热效应等物理化学性质。因此，差热分析广泛应用于化学、化工、冶金、陶瓷、地质和金属材料等领域的科研和生产部门。从理论上讲，可通过峰面积的测量对物质进行定量分析。

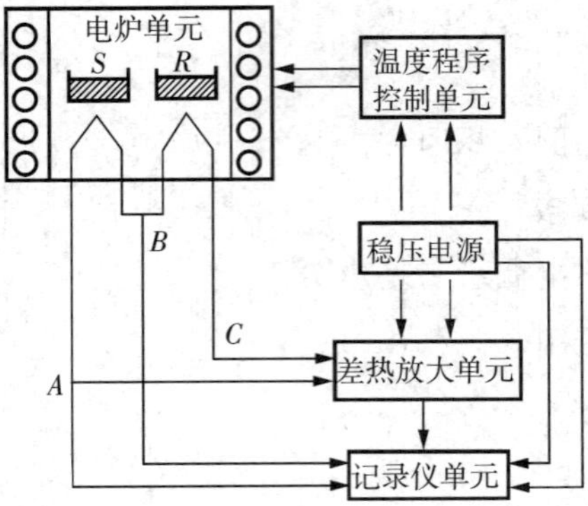

图 11-1 差热分析原理图

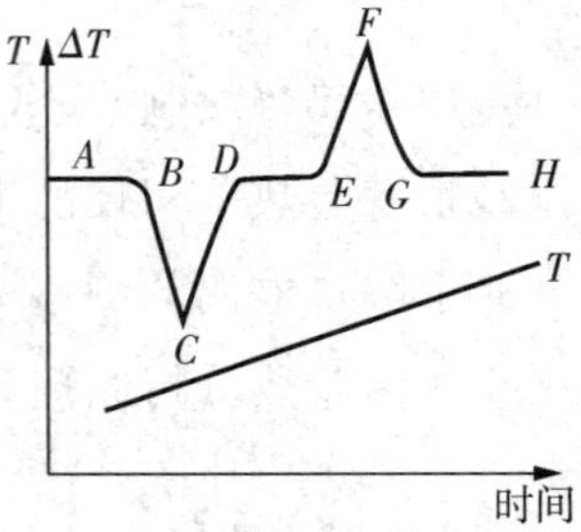

图 11-2 典型的差热图

样品的相变热 ΔH 可按下式计算：

$$\Delta H=\frac{K}{m}\int_{B}^{D}\Delta T\,\mathrm{d}\tau \tag{11-1}$$

式中，m 为样品质量；B、D 分别为峰的起始、终止时刻；ΔT 为时间 τ 内样品与参比物的温差；$\int_{B}^{D}\Delta T\,\mathrm{d}\tau$ 代表峰面积；K 为仪器常数，可用数学方法推导，但较麻烦，本实验用已知热效应的物质进行标定。已知纯锡的熔化热为 $59.36\times10^{-3}\,\mathrm{J\cdot mg^{-1}}$，可由锡的差热峰面积求得 K 值。

【仪器和试剂】

差热分析仪 1 套。分析纯 $BaCl_2\cdot2H_2O$；$CuSO_4\cdot5H_2O$；$NaHCO_3$；Sn；参比物 $\alpha-Al_2O_3$。

【实验步骤】

(1)仪器常数的测定。

① 开启仪器电源开关，仪器预热 20～30min。然后开启计算机开关。

② 取两只空坩埚，将参比物（$\alpha-Al_2O_3$）和标准样品样品（Sn）分别称取 5mg 左右，放在样品杆上部的两只托盘上。样品放在左边，参比物放在右边，盖好保温盖。

③ 通水和通气：接通冷却水，开启水源使水流畅通，保持冷却水流量约 200～300mL·min^{-1}；根据需要在通气口通入一定流量的保护气体。

④ 点击计算机上的软件程序，设置量程、起始温度、结束温度、样品名称、样品重量和操作者等。同时记录升温曲线和差热曲线，直至温度升至发生要求的相变且基线变平后，鼠标点击停止，并按提示保存实验数据。

⑤ 等炉壁温度降到 100℃时。打开炉盖，继续降温，待炉温降至 50℃以下时，换上另一样品，按上述步骤操作。

（2）差热曲线处理（略）。

（3）实验完毕，等炉温降到 100℃以下时，关闭仪器开关和微机，关闭总电源。

【注意事项】

（1）坩埚一定要清理干净，否则埚垢不仅影响导热，杂质在受热过程中也会发生物理化学变化，影响实验结果的准确性。

（2）样品必须研磨的很细，否则差热峰不明显，但也不要太细。一般差热分析样品研磨到 200 目为宜。样品要均匀平铺在坩锅底部，否则作出的曲线极限不平整。

（3）实验过程中注意不要扰动计算机键盘。

【数据记录与处理】

（1）由所测样品的差热图，求出各峰的起始温度和峰温，将数据列表记录。

（2）根据 11－1 式由锡的差热峰面积求得 K 值，然后求出所测样品的热效应值。

（3）样品 $CuSO_4\cdot 5H_2O$ 的三个峰各代表什么变化，写出反应方程式。根据实验结果，结合无机化学知识，推测 $CuSO_4\cdot 5H_2O$ 中 5 个 H_2O 的结构状态。

样品	$CuSO_4\cdot 5H_2O$			Sn
峰号	1	2	3	
开始温度				
峰顶温度				

（续表）

结束温度				
外延点温度				
峰面积				
质量				

思考题

1. DTA 实验中如何选择参比物？常用的参比物有哪些？

2. 差热曲线的形状与哪些因素有关？影响差热分析结果的主要因素是什么？

3. DTA 和简单热分析(步冷曲线法)有何异同？

4. 试分析差热曲线上的热力学平衡和非平衡线段。

5. DTA 实验中，若把样品和参比物位置放颠倒，对所测差热图谱有何影响？对实验结果有无误差？这什么？

6. 差热峰前后基线不在同一水平线上，是何原因？

实验十二　表面活性剂 CMC 值的测定——电导法

【实验目的】

(1)学习并掌握表面活性剂 CMC 值的电导测定方法;

(2)了解表面活性剂的性质与应用;

(3)学习电导法测定十二烷基硫酸钠的 CMC,了解表面活性剂的特性及胶束形成原理;

(4)掌握 DDS－11A 型电导率仪和恒温槽的使用方法。

【实验原理】

具有明显"两亲"性质的分子,既含有亲油的足够长的烃基,又含有亲水的极性基团。由这一类分子组成的物质称为表面活性剂,如图 12－1a 所示。

表面活性剂为了使自己成为溶液中的稳定分子,有可能采取的两种途径:一是当它们以低浓度存在于某一体系中时,可被吸附在该体系的表面上,采取极性基团向着水,非极性基团脱离水的表面定向,形成定向排列的单分子膜,从而使表面自由能明显降低,如图 12－1c 所示;二是在表面活性剂溶液中,当溶液浓度增大到一定值时,表面活性剂离子或分子不但在表面聚集而形成单分子层,而且在溶液本体内部也三三两两的以憎水基相互靠拢,聚在一起形成胶束。胶束可以成球状、棒状或层状。形成胶束的最低浓度称为临界胶束浓度(Critical Micelle Concentration,CMC),如图 12－1b 所示。

CMC 是表面活性剂的一种重要量度,CMC 越小,则表示这种表面活性剂形成胶束所需浓度越低,达到表面(界面)饱和吸附的浓度越低,只有溶液浓度稍高于 CMC 时,才能充分发挥表面活性剂的作用。比如图 12－2 所示的洗涤去污过程。目前表面活性剂广泛用于石油、纺织、农药、采矿、食品、民用洗涤等各个领域,具有润湿、乳化、洗涤、发泡等重要作用。

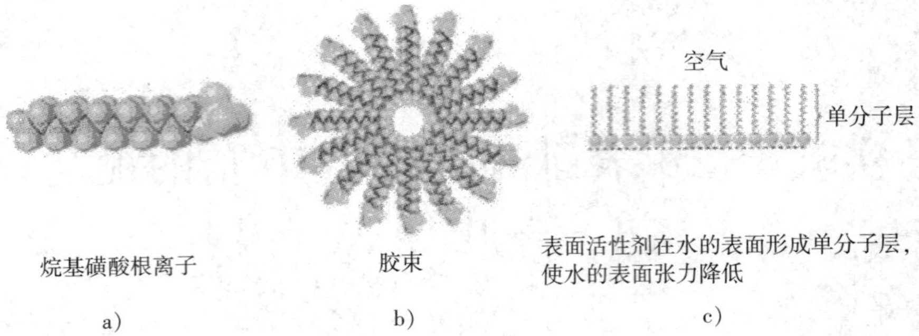

图 12 - 1

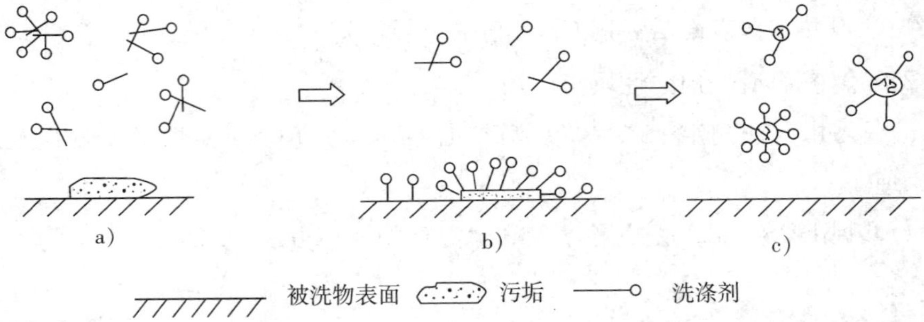

图 12 - 2　表面活性剂的洗涤原理图

由于溶液的结构发生改变，表面活性剂溶液的许多物理化学性质（如表面张力、电导、渗透压、浊度、光学性质等）都会随着胶团的出现而发生突变。原则上，这些物理化学性质随浓度的变化都可以用于测定 CMC，常用的方法有表面张力法、电导法、染料法等。本实验采用电导法来测定表面活性剂的 CMC 值。在溶液中对电导有贡献的主要是带长链烷基的表面活性剂离子和相应的反离子，而胶束的贡献则极为微小。从离子贡献大小来考虑，反离子大于表面活性剂离子。对于浓度低于 CMC 的表面活性剂稀溶液，电导率的变化规律与强电解质一样，摩尔电导率 λ_m 与 c、电导率 κ 与 c 均呈线性关系。当溶液浓度达 CMC 时，随着溶液中表面活性剂浓度的增加，单体的浓度不再变化，增加的是胶束的个数，由于对电导贡献大的反离子固定于胶束的表面，它们对电导的贡献明显下降，电导率随溶液浓度增加的趋势将会变缓，这就是确定 CMC 的依据。

因此利用离子型表面活性剂水溶液的电导率随浓度的变化关系，作 $\kappa - c$ 曲线，由曲线的转折点求出 CMC 值。

【仪器和试剂】

0.1mol/L 十二烷基硫酸钠溶液；0.0100mol/L KCl 标准溶液；25ml 容量瓶 10 个；50mL 烧杯一个；移液管（0.5ml）一支；电导率仪一台，恒温槽一台。

【实验步骤】

（1）打开电导率仪开关，预热 15min，用 KCl 标准溶液校正电极常数。

（2）调节恒温槽温度为 25℃。

（3）分别移取 0.25、0.5、1.0、1.5、2.0、2.5、3.0、3.5、4.0、4.5、5.0ml 的 0.1mol/L 的十二烷基硫酸钠溶液，定容到 25mL。配制成浓度为 1.0×10^{-3}、2.0×10^{-3}、4.0×10^{-3}、6.0×10^{-3}、8.0×10^{-3}、1.0×10^{-2}、1.2×10^{-2}、1.4×10^{-2}、1.6×10^{-2}、1.8×10^{-2}、2.0×10^{-2}mol/L 的待测溶液。

（4）用 DDS－11A 型电导仪从稀到浓分别测定上述各溶液的电导值。用后一个溶液荡洗前一个溶液的电导池三次以上，各溶液测定时必须恒温 10min，每个溶液的电导读数三次，取平均值。

【注意事项】

（1）清洗电导电极时，两个铂片不能有机械摩擦，可用电导水淋洗，后将其竖直，用滤纸轻吸，将水吸净，并且不能使滤纸沾洗内部铂片。

（2）注意电导率仪应由低到高的浓度顺序测量样品的电导率。

（3）电极在冲洗后必须擦干或用待测液润洗电极，电极在使用过程中其极片必须完全浸入到所测的溶液中。

【数据记录与处理】

（1）记录实验温度下不同溶液的电导率值。

（2）作出电导率对浓度图，得到两条直线的交点。

（3）查文献值，计算实验误差。

浓度	电导率	浓度	电导率	浓度	电导率

（续表）

浓度	电导率	浓度	电导率	浓度	电导率

思考题

1. 若要知道所测得的临界胶束浓度是否准确，可用什么实验方法进行验证？

2. 非离子型表面活性剂能否用电导方法测定临界胶束浓度？若不能，则可用何种方法进行检测？

3. 试说出电导法测定临界胶束浓度的原理。

4. 实验中影响临界胶束浓度的因素有哪些？

5. 改变恒温槽温度可以得到不同温度下表面活性剂的 CMC，通过不同温度下表面活性剂的 CMC 可以得到哪些热力学函数，怎样得到？

附录一　HH－601 超级恒温水浴

1. 概述

HH－601 超级恒温水浴是采用进口不锈钢板及先进的工艺生产制造，各项技术指标均达到国家标准，是超级恒温水浴的更新换代产品。它具有控温精度高、抗腐蚀性强、结构紧凑、造型美观、节省能源、使用寿命长等优点，选用于生物、物理、植物、化工、医疗、环保等实验科学领域或辅助加热的精密产品。

2. 结构

超级恒温水浴外壳采用金属板，控制箱直接安装在水箱上（见附录图 1－1）。旁边有冷凝水管进出水嘴两只，水箱内采用进口优质水泵作为循环动力，解决了水温不匀的弊病，使仪器的控温精度和水的均匀度都能达到较高的要求。

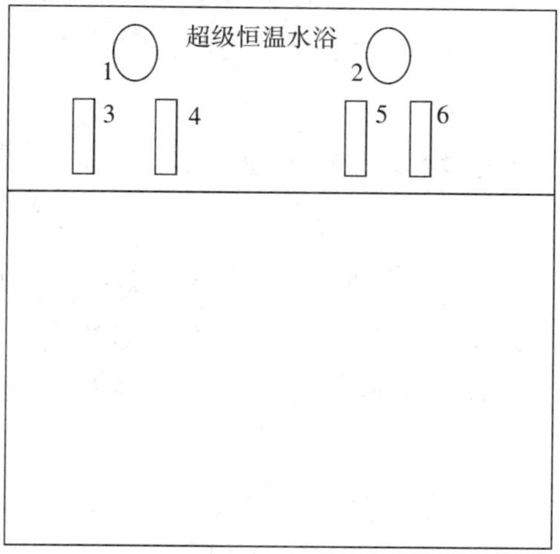

附录图 1－1　恒温槽前面板示意图

1. 搅拌器指示灯；2. 加热器指示灯；3. 搅拌器“快”“慢”；
4. 搅拌器“开”“关”；5. 加热器“快”“慢”；6. 加热器“开”“关”

3. 使用方法

本仪器使用 220V 交流电源，请在使用前确定电源插座额定电流不小于 6A，并具有安全接地装置（请使用时工作室内接入接地装置），如附录图 1－2 所示。

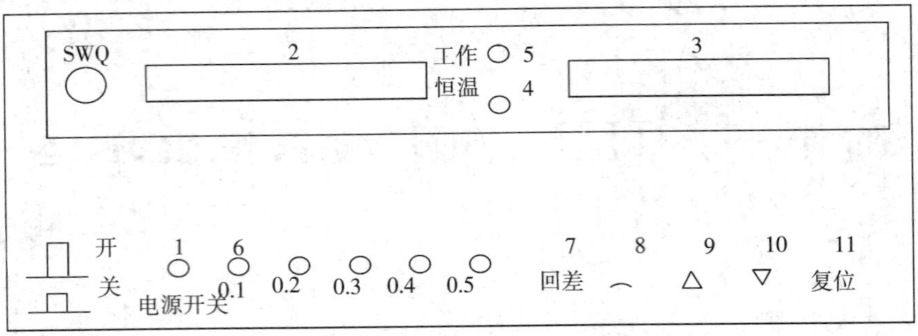

附录图 1-2 智能数字温度控制器外观——前面板示意图

1. 电源开关;2. 实际温度显示;3. 设定温度显示窗口——显示设定温度;4. 恒温指示灯 5. 工作指示灯;6. 回差指示灯;7. 回差键;8. 设置键;9. 增加键;10 减少键;11 复位键;

加水时请注意离上盖板不低于 8cm(超级恒温水浴箱加水)且必须用软水,最好用蒸馏水,切勿使用井水、河水、泉水等硬水,以防加热管爆裂及影响恒温灵敏度。(注意先插仪器插口,再插电源插口)

(1)将传感器、加热器分别与后盖板的"传感器插座"、"加热器电源插座"对应连接。

(2)向水浴槽中注入其容积 3/4 的清水,大约 160mm 水位高度。

(3)将 SWQ 智能数字恒温控制器的传感器插入水浴上盖板前方中间孔中,插入水中深度一般大于 50mm 为宜。

(4)将～220V 电源接入后盖板上的电源插座。

(5)打开电源开关,显示初始状态。

(6)接通水浴后面板～220V 电源,根据所需控温温度和加热速率选择水浴前面板"开"、"关"、"快"、"慢"、"强"、"弱"等开关,加热系统进入加热准备状态。

(7)按"回差"键,回差将依次显示为 0.5—0.4—0.3—0.2—0.1,选择所需的回差值即可。

(8)设置控制温度:按"⌒"、"▲"、"▼"各键,依次调整"设定温度"的数值至所需温度值。设置完毕转换到工作状态("工作"指示灯亮)。

(9)仪器工作状态:

① 设定好温度和回差,再按一次 8 键,加热指示灯亮,加热器开始加热;

② 当介质温度达到设定温度,加热器停止加热,恒温指示灯亮。

(10)开始加热时,为使升温速度尽可能快,故需将加热器置于"强"的位置,但当温度接近所设温度前(达到设置温度前 2℃～3℃)将加热器置于"弱"的位置,以减缓升温速度,使温度上升平缓,避免温度过冲,以达到理想的控温效果。

(11)当系统温度达到"设定温度"值时,工作指示灯自动转换到"恒温"状态。

待水温下降时，指示又进入加温 ON 状态"自动控温"。

4. 注意事项

(1)在使用前请详细阅读说明书，关闭水嘴千万记住先加水到水位线，再接通电源。

(2)设置数显温度，盖上水箱盖，打开电源开关，开动搅拌，使水箱升温到所需温度值。

(3)水位不能过高，以防止水溢出造成实验失误。

(4)需要快速降温时，控箱旁有两个水嘴，任意一个进入冷凝水(制冰水或自来水)，另一段进入出水池(用乳胶管)协助降下当时温度。

(5)为延长仪器使用寿命，请注意勿使控制箱内受潮，防止漏电。

(6)使用结束必须将水(出水嘴)放干净，用干布擦拭干净，置于通风干燥处。

附录二 热电偶

热电偶是工业上最常用的温度检测元件之一。其优点是:

(1)测量精度高。因热电偶直接与被测对象接触,不受中间介质的影响。

(2)测量范围广。常用的热电偶从－50℃～＋1600℃均可连续测量,某些特殊热电偶最低可测到－271℃～＋2800℃,如金铁镍铬和钨－铼。

(3)构造简单,使用方便。热电偶通常是由两种不同的金属丝组成,而且不受大小和长度的限制,外有保护套管,用起来非常方便。

1. 原理

热电偶测温基本原理是将两种不同材料的导体或半导体焊接起来,构成一个闭合回路(见附录图 2－1)。由于两种不同金属所携带的电子数不同,当两个导体的两个执着点之间存在温差时,就会发生高电位向低电位放电现象,因而在回路中形成电流,温度差越大,电流越大,这种现象称为热电效应,也叫塞贝克效应。热电偶就是利用这一效应来工作的。

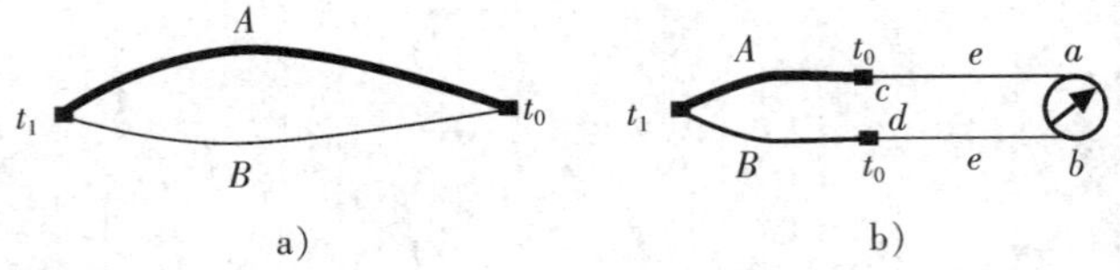

附录图 2－1 热电偶回路

为了测定热电势,需使导线与测量仪表连成回路。在附录图 2－16 中将作为电偶的导线 B 接于毫伏表的 a、b 羰形成回路。如果 t_0 保持不变,a、b 接点温度一致,中间由仪表动圈的铜导线连接,由此第三金属导线的引入对整个线路的热电势不起影响。整个线路热电势只取决于 t_1 的温度。

2. 热电偶的种类及结构形成

(1)热电偶的种类

常用热电偶可分为标准热电偶和非标准热电偶两大类。所谓标准热电偶是指国家标准规定了其热电势与温度的关系、允许误差、并有统一的标准分度表的热电偶,它有与其配套的显示仪表可供选用。非标准化热电偶在使用范围或数量级上均不及标准化热电偶，一般也没有统一的分度表，主要用于某些特殊场合的测量。我国从 1988 年 1 月 1 日起，规定热电偶和热电阻全部按 IEC 国际标准生产，并指定 S、B、E、K、R、J、T 七种标准化热电偶为我国统一设计型热电偶。

① S 型热电偶

铂铑 10－铂热电偶（S 型热电偶）为贵金属热电偶。偶丝直径规定为 0.5mm，允许偏差－0.015mm，其正极（SP）的名义化学成分为铂铑合金，其中含铑为 10%，含铂为 90%，负极（SN）为纯铂，故俗称单铂铑热电偶。该热电偶长期最高使用温度为 1300℃，短期最高使用温度为 1600℃。

S 型热电偶在热电偶系列中具有准确度最高、稳定性最好、测温温区宽、使用寿命长等优点。它的物理、化学性能良好，热电势稳定性及在高温下抗氧化性能好，适用于氧化性和惰性气氛中。由于 S 型热电偶具有优良的综合性能，符合国际使用温标的 S 型热电偶，长期以来曾作为国际温标的内插仪器。"ITS－90"虽规定今后不再作为国际温标的内查仪器，但国际温度咨询委员会（CCT）认为 S 型热电偶仍可用于近似实现国际温标。

S 型热电偶不足之处是热电势率较小，灵敏读低，高温下机械强度下降，对污染非常敏感，贵金属材料昂贵，因而一次性投资较大。

② B 型热电偶

铂铑 30－铂铑 6 热电偶（B 型热电偶）为贵金属热电偶。偶丝直径规定为 0.5mm，允许偏差－0.015mm，其正极（BP）的名义化学成分为铂铑合金，其中含铑为 30%，含铂为 70%，负极（BN）为铂铑合金，含铑为量 6%，故俗称双铂铑热电偶。该热电偶长期最高使用温度为 1600℃，短期最高使用温度为 1800℃。

B 型热电偶在热电偶系列中具有准确度最高、稳定性最好、测温温区宽、使用寿命长、测温上限高等优点。适用于氧化性和惰性气氛中，也可短期用于真空中，但不适用于还原性气氛或含有金属或非金属蒸气气氛中。B 型热电偶一个明显的优点是不需用补偿导线进行补偿，因为在 0℃～50℃范围内热电势小于 3μV。

B 型热电偶不足之处是热电势、热电势率较小、灵敏读低、高温下机械强度下降，对污染非常敏感，贵金属材料昂贵，因而一次性投资较大。

③ E 型热电偶

镍铬－铜镍热电偶（E 型热电偶）又称镍铬－康铜热电偶，也是一种廉金属的热电偶，正极（EP）为：镍铬 10 合金，化学成分与 KP 相同；负极（EN）为铜镍合金，名义化学成分为：55%的铜，45%的镍以及少量的锰、钴、铁等元素。该热电偶的使用温度为－200℃～900℃。

E 型热电偶热电动势之大、灵敏度之高属所有热电偶之最，宜制成热电堆，测量微小的温度变化。对于高湿度气氛的腐蚀不甚灵敏，宜用于湿度较高的环境。E 热电偶还具有稳定性好，抗氧化性能优于铜一康铜、铁一康铜热电偶，价格便宜等优点，能用于氧化性和惰性气氛中，为用户广泛采用。

E 型热电偶不能直接在高温下用于硫，还原性气氛中，热电势均匀性较差。

④ K 型热电偶

镍铬一镍硅热电偶(K 型热电偶)是目前用量最大的廉金属热电偶，其用量为其他热电偶的总和。正极(KP)的名义化学成分为：Ni：Cr=90：10，负极(KN)的名义化学成分为：Ni：Si=97：3，其使用温度为−200℃～1300℃。

K 型热电偶具有线性度好、热电动势较大、灵敏度高，稳定性和均匀性较好、抗氧化性能强、价格便宜等优点，能用于氧化性、惰性气氛中。为用户广泛采用。

K 型热电偶不能直接在高温下用于硫，还原性或还原，氧化交替的气氛中和真空中，也不推荐用于弱氧化气氛中。

⑤ R 型热电偶

铂铑 13一铂热电偶(R 型热电偶)为贵金属热电偶。偶丝直径规定为 0.5mm，允许偏差−0.015mm，其正极(RP)的名义化学成分为铂铑合金，其中含铑为 13%，含铂为 87%，负极(RN)为纯铂，长期最高使用温度为 1300℃，短期最高使用温度为 1600℃。

R 型热电偶在热电偶系列中具有准确度最高、稳定性最好、测温温区宽、使用寿命长等优点。其物理、化学性能良好，热电势稳定性及在高温下抗氧化性能好，适用于氧化性和惰性气氛中。由于 R 型热电偶的综合性能与 S 型热电偶相当，在我国一直难于推广，除在进口设备上的测温有所应用外，国内测温很少采用。1967 年至 1971 年间，英国 NPL、美国 NBS 和加拿大 NRC 三大研究机构进行了一项合作研究，其结果表明，R 型热电偶的稳定性和复现性比 S 型热电偶均好，我国目前尚未开展这方面的研究。

R 型热电偶不足之处是热电势，热电势率较小，灵敏读低，高温下机械强度下降，对污染非常敏感，贵金属材料昂贵，因而一次性投资较大。

⑥ J 型热电偶

铁一铜镍热电偶(J 型热电偶)又称铁一康铜热电偶，也是一种价格低廉的廉金属的热电偶。它的正极(JP)的名义化学成分为纯铁，负极(JN)为铜镍合金，常被含糊地称之为康铜，其名义化学成分为：55%的铜和 45%的镍以及少量却十分重要的锰、钴、铁等元素，尽管它叫康铜，但不同于镍铬一康铜和铜一康铜的康铜，故不能用EN和TN来替换。铁一康铜热电偶的覆盖测量温区为－200℃～1200℃，但通常使用的温度范围为0℃～750℃。

J型热电偶具有线性度好、热电动势较大、灵敏度较高、稳定性和均匀性较好、价格便宜等优点，广泛为用户采用。J型热电偶可用于真空、氧化、还原和惰性气氛中，但正极铁在高温下氧化较快，故使用温度受到限制，也不能直接无保护地在高温下用于硫化气氛中。

⑦ T型热电偶

铜一铜镍热电偶（T型热电偶）又称铜一康铜热电偶，也是一种最佳的测量低温的廉金属的热电偶。它的正极（TP）是纯铜，负极（TN）为铜镍合金，称为康铜，它与镍铬一康铜的康铜EN通用，与铁一康铜的康铜JN不能通用，尽管它们都叫康铜，铜一铜镍热电偶的盖测量温区为－200℃～350℃。

T型热电偶具有线性度好、热电动势较大、灵敏度较高、稳定性和均匀性较好、价格便宜等优点，特别在－200℃～0℃温区内使用，稳定性更好，年稳定性可小于$\pm3\mu V$，经低温检定可作为二等标准进行低温量值传递。

T型热电偶的正极铜在高温下抗氧化性能差，故使用温度上限受到限制。

(2)热电偶的结构形式

为了保证热电偶可靠、稳定地工作，对它的结构要求如下：

① 组成热电偶的两个热电极的焊接必须牢固；

② 两个热电极彼此之间应很好地绝缘，以防短路；

③ 补偿导线与热电偶自由端的连接要方便可靠；

④ 保护套管应能保证热电极与有害介质充分隔离。

⑤安装尺寸应该尽量选用公制[中国标准]，如螺纹：12×1.5，16×1.5，20×1.5，27×2，33×2mm。法兰直径95、105、115mm。

3. 热电偶的使用

热电偶冷端的温度补偿由于热电偶的材料一般都比较贵重（特别是采用贵金属时），而测温点到仪表的距离都很远，为了节省热电偶材料，降低成本，通常采用补偿导线把热电偶的冷端（自由端）延伸到温度比较稳定的控制室内，连接到仪表端子上。必须指出，热电偶补偿导线的作用只起延伸热电极，使热电偶的冷端移动到控制室的仪表端子上，它本身并不能消除冷端温度变化对测温的影响，不起补偿作用。因此，还需采用其他修正方法来补偿冷端温度$T_0\neq0$℃时对测温的影响。一般显示、控制仪表都有温度自动补偿系统。仪表在使用热电偶补偿导线时必须注意型号相配，极性不能接错，补偿导线与热电偶连接端的温度一般不超过

100℃。特殊工况下，可以选用热电偶延长线，即导线材质和热电偶电极材质一致的导线连接，比如：KX 镍铬－镍硅补偿导线；EX 镍铬－康铜补偿导线；JX 铁－康铜补偿导线；TX 铜－铜镍补偿导线等都不存在这个问题，根据热电偶的中间导体定律，这种补偿导线温度不受限制。还有一些热电偶比如：(B 型热电偶)铂铑 30－铂铑 6，这种热电偶没有补偿导线，在 400℃ 以下不计精度用普通双芯铜线即可。冷端处理及补偿方法有如下几种：

(1)冰点槽法

把热电偶的参比端置于冰水混合物容器里，使 $T_0=0℃$。这种办法仅限于科学实验中使用。为了避免冰水导电引起两个连接点短路，必须把连接点分别置于两个玻璃试管里，浸入同一冰点槽，使相互绝缘。

(2)计算修正法

用普通室温计算出参比端实际温度 T_H，利用公式计算：

$$E_{AB}(T,T_0)=E_{AB}(T,T_H)+E_{AB}(T_H,T_0)$$

例：用铜－康铜热电偶测某一温度 T，参比端在室温环境 T_H 中，测得热电动势 $E_{AB}(T,T_H)=1.999\text{mV}$，又用室温计测出 $T_H=21℃$，查此种热电偶的分度表可知，EAB(21,0)=0.832mV，故得

$$\begin{aligned}E_{AB}(T,0)&=E_{AB}(T,21)+E_{AB}(21,0)\\&=1.999+0.832\\&=2.831(\text{mV})\end{aligned}$$

再次查分度表，与 2.831mV 对应的热端温度 $T=68℃$。

注意：既不能只按 1.999mV 查表，认为 $T=49℃$，也不能把 49℃ 加上 21℃，认为 $T=70℃$。

(3)补正系数法

把参比端实际温度 T_H 乘上系数 k，加到由 $E_{AB}(T,T_H)$ 查分度表所得的温度上，成为被测温度 T。用公式表达，即

$$T=T'+kT_H$$

式中，T——为未知的被测温度；T'——为参比端在室温下热电偶电势与分度表上对应的某个温度；T_H——室温；k——为补正系数。

例：用铂铑 10－铂热电偶测温，已知冷端温度 $T_H=35℃$，这时热电动势为 11.348mV。查 S 型热电偶的分度表，得出与此相应的温度 $T'=1150℃$。再从下表中查出，对应于 1150℃ 的补正系数 $k=0.53$。于是，被测温度：

$$T=1150+0.53\times35=1168.3(℃)$$

用这种办法稍稍简单一些,比计算修正法误差可能大一点,但误差不大于0.14%。

(4)零点迁移法

应用领域:如果冷端不是0℃,但十分稳定(如恒温车间或有空调的场所)。

实质:在测量结果中人为地加一个恒定值,因为冷端温度稳定不变,电动势$E_{AB}(T_H,0)$是常数,利用指示仪表上调整零点的办法,加大某个适当的值而实现补偿。

例:用动圈仪表配合热电偶测温时,如果把仪表的机械零点调到室温T_H的刻度上,在热电动势为零时,指针指示的温度值并不是0℃而是T_H。而热电偶的冷端温度已是T_H,则只有当热端温度$T=T_H$时,才能使$E_{AB}(T,T_H)=0$,这样,指示值就和热端的实际温度一致了。这种办法非常简便,而且一劳永逸,只要冷端温度总保持在T_H不变,指示值就永远正确。

(5)冷端补偿器法

利用不平衡电桥产生热电势补偿热电偶因冷端温度变化而引起热电势的变化值。

(6)软件处理法

对于计算机系统,不必全靠硬件进行热电偶冷端处理。例如冷端温度恒定但不为0℃的情况,只需在采样后加一个与冷端温度对应的常数即可。

对于T_0经常波动的情况,可利用热敏电阻或其他传感器把T_0信号输入计算机,按照运算公式设计一些程序,便能自动修正。后一种情况必须考虑输入的采样通道中除了热电动势之外还应该有冷端温度信号,如果多个热电偶的冷端温度不相同,还要分别采样,若占用的通道数太多,宜利用补偿导线把所有的冷端接到同一温度处,只用一个冷端温度传感器和一个修正T_0的输入通道就可以了。冷端集中,对于提高多点巡检的速度也很有利。

附录三 气压计

气压计的式样很多，一般实验室最常用的是福丁(Fortin)式和固定杯式。

福丁式气压计形状如附录图 3-1 所示，右图为底部放大图。

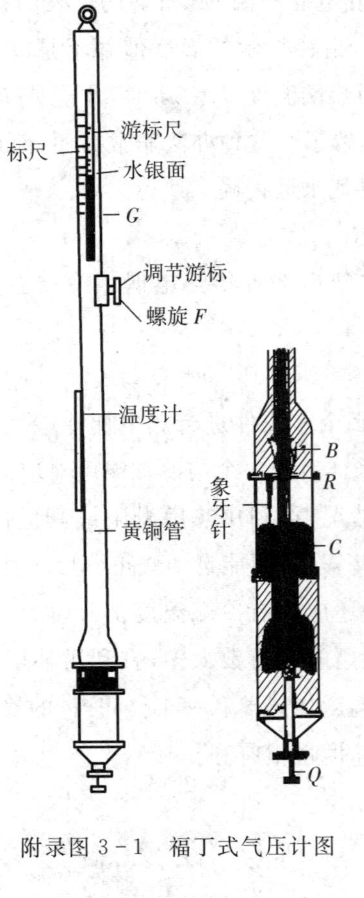

附录图 3-1 福丁式气压计图

1. 构造

气压计的外部是一黄铜管，管的顶端是悬环，内部是装有水银的玻璃管，密封的一头向上，玻璃管上部是真空，玻璃管下端插在水银槽 C 内。在 B 部分用一块羚羊皮紧紧包住(皮的外缘联在棕榈木的套管上)，经过棕榈木的套管固定在槽盖上，空气可以从皮孔出入，而水银不会溢出。黄铜管外的上部刻有标尺并开有长方形小窗，用来观看水银柱的高低，窗前有一游标 G，转动螺旋 F 可使 G 上下移动。水银槽底部是一羚羊皮囊，下端由阳旋 Q 支持，转动 Q 可调节槽内水银面的高低；水银槽的上部是玻璃壁 R，顶盖上有一倒置的象牙针，针尖是标尺的零点。

2. 使用方法

气压计必须垂直悬挂（实验室已固定好，使用时不必再调），使用时先旋转底部螺旋 Q，升高水银面，使水银面与象牙尖端恰好接触，稍等几秒钟，待象牙尖与水银的接触情形无变动时，开始作下一步。

转动调节游标螺旋 F 使 G 升起比水银面稍高，然后慢慢落下，直到游标底边与游标后边金属片的底边同时和水银柱凸面顶端相切（注意在读数时眼的位置应与水银面在同一平面上），按照游标下缘零线所对标尺上的刻度，读出气压的整数部分；小数部分用游标来决定。从游标上找出一根与标尺上某一刻度相吻合的刻度线，它的刻度就是最后一位小数的读数。记录四位有效数字。同时记下气压计的温度以及气压计的仪器误差，然后进行其他校正.

注意：在旋转 Q 使槽内水银上升时，水银柱凸面格外突出，下降时凸面突出少些，两种情形都要影响读数的正确性。所以在调节螺旋 Q 时要轻轻弹一下黄铜外管的上部，使水银柱的凸面正常。

附录四 旋光仪

1. 平面偏振光与旋光性光

平面偏振光与旋光性光是一种电磁波，其振动方向垂直于光波前进的方向。普通光中含有各种波长的光线，可以在空间各个不同的平面上发生振动（见附录图4-1a)，若使一定波长的光线通过一个尼可尔棱晶（方解石棱晶，见附录图4-1b)，则一部分光线就被阻挡而不能通过。因为尼可尔棱晶具有一种特殊的性质，它只能使与其晶轴平行振动的光线通过。如果这个棱晶的轴是直立的，那么只有在这个直立平面上振动的光线才能通过。通过棱晶的光线只在一个平面上振动，这种光就叫做平面偏振光，简称偏振光（如附录图4-1c)。若使偏振光射在第二个尼可尔棱晶上，只有当第二个棱晶的晶轴与第一个棱晶的晶轴平行时，偏振光才能完全通过，若互相垂直则完全不能通过（如附录图4-2)，就像一本合上的书，只有刀口和书页平行时刀才能插进书内一样。如果在晶轴平行的两个尼可尔棱晶之间，放入一支玻璃管，往玻璃管内分别放入不同有机物的溶液，然后将光源从第一个棱晶向第二个棱晶的方向照射，并在第二个棱晶后面观察。可以发现，当玻璃管内放入乙醇、丙酮等物质时，仍能见到最大强度的亮光；当玻璃管内放入葡萄糖、果糖或乳酸等物质的溶液时，所见到的光，其强度减弱；如果将第二个棱晶向左或向右转动一定角度时，又能见到最大强度的光。这种现象显然是葡萄糖、乳酸等物质把偏振光的振动平面旋转了一定角度所造成的。

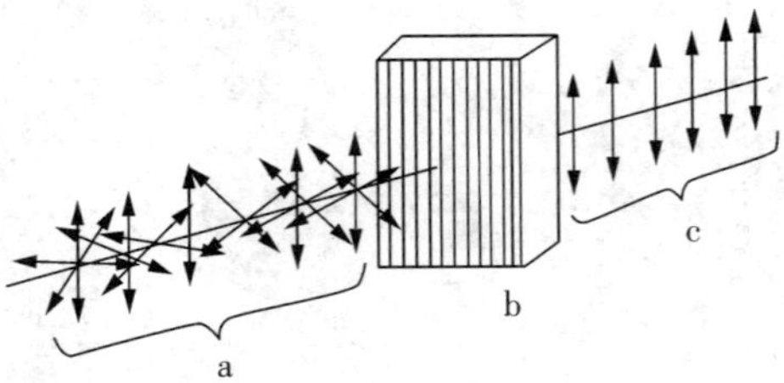

附录图4-1 偏振光示意图

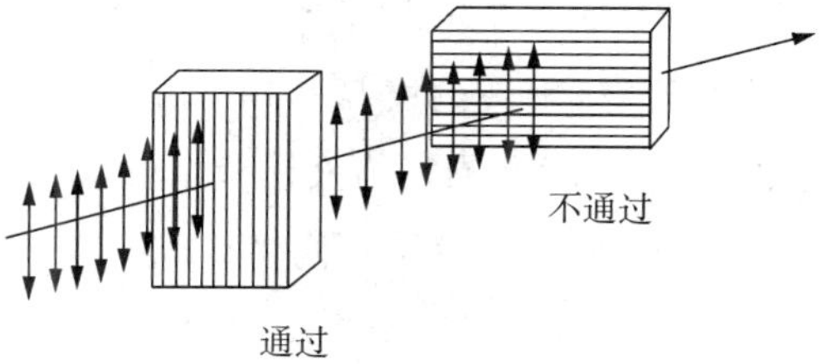

附录图 4－2　偏振光通过位置不同的尼可尔棱晶

这样就可以把物质分为两类，一类对偏振光不产生影响，如乙醇、丙酮、水等；另一类如乳酸、葡萄糖等，它们具有使偏振光的振动平面发生旋转的性质，这种性质叫做旋光性或光学活性。具有这种性质的物质叫做旋光性物质或光学活性物质。

第二个棱晶旋转的方向就代表旋光物质的旋光方向。能使偏振光的振动平面按顺时针方向旋转的旋光性物质叫做右旋体；相反，称为左旋体。能测定物质旋光性的仪器称为旋光仪。

2. 旋光度和比旋光度

旋光性物质使偏振光旋转的角度称为该旋光性物质的旋光度，一定条件下，旋光度是旋光性物质所特有的物理常数。因此测定旋光性物质旋光度的大小，可用于鉴别这类化合物。

(1)旋光仪

旋光仪(见附录图 4－3)是用于测定旋光性物质旋光度的仪器。旋光仪的主要组成包括尼可尔棱镜、盛液管、刻度盘和单色光源。

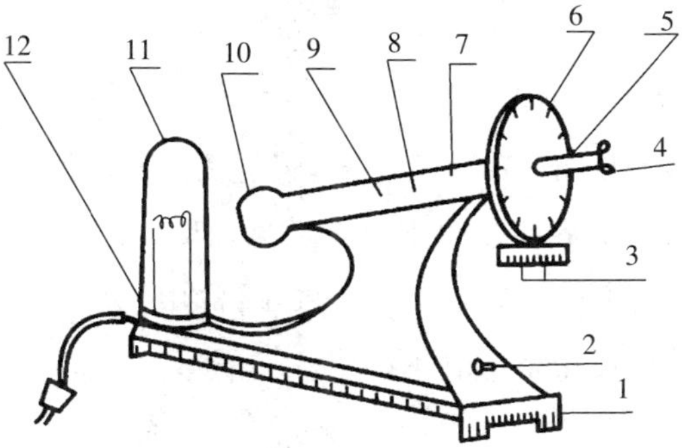

附录图 4－3　旋光仪

1－底座；2－电源开关；3－刻度盘转动手轮；4－放大镜座；5－视度调节螺丝；6－刻度盘游标

7－镜筒；8－镜筒盖；9－镜盖手柄；10－镜盖连接圈；11－钠光灯罩；12－灯座

如附录图 4－4 所示，3 为起偏镜，是一个固定不动的尼可尔棱晶，它的作用是把投射过来的光变成偏振光；1是光源；6是检偏镜，它是一个可以旋转的尼可尔棱晶，用来测定偏振光旋转的角度；旋转刻度盘8用来读偏振光被旋转的角度；5为盛液管，放在两个棱镜之间，用来装被测定的液体或溶液；7是目镜；在起偏镜3后面加上一个小的尼可尔棱晶4，它的位置与起偏镜3成一个小的角度，它的作用是使目镜的视野中出现光亮度不同的明暗界限。在使用旋光仪时，应先旋转检偏镜6，使视野中明暗亮度相等，得到零点。在放入旋光物质后，视野中明暗光亮度是不相等的。旋转检偏镜，使视野中亮度一致(见附录图4-5b)，这时所得的读数与零点之间的差，即是该物质的旋光度。

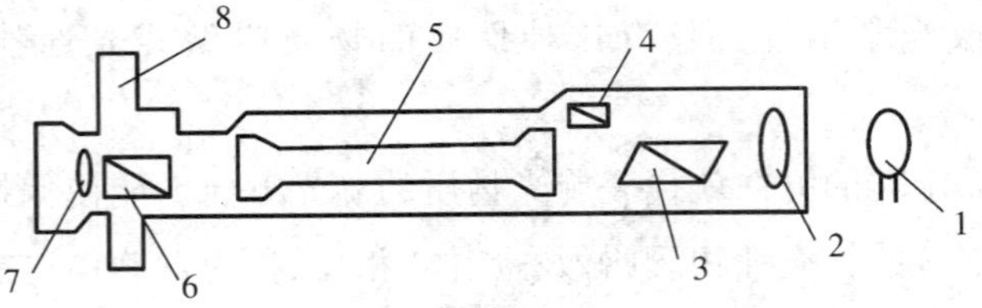

附录图4-4　旋光仪内部结构示意图

1. 光源；2. 透镜；3. 起偏镜；4. 尼可尔棱晶；5. 盛液管；6. 检偏镜；7. 目镜；8. 刻度盘

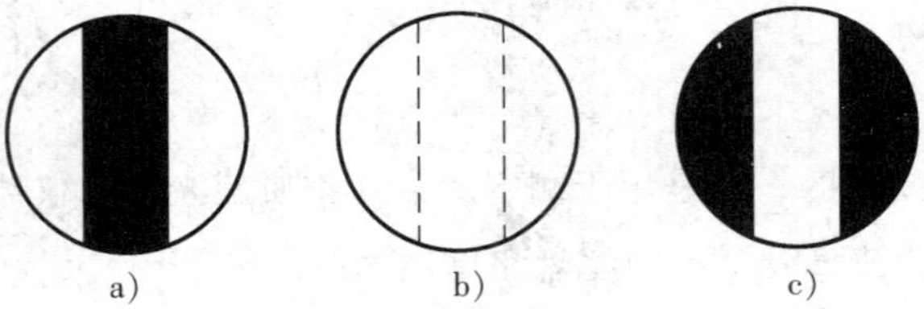

附录图4-5　目镜视图

(2)旋光度与比旋光度

物质的旋光度除与物质的结构有关外，还随测定时所用溶液的浓度、盛液管的长度、温度、光的波长以及溶剂的性质等的改变而改变。如把这些影响因素加以固定，不同的旋光性物质的旋光度各为一常数，通常用比旋光度$[\alpha]_\lambda^t$表示。旋光度与比旋光度之间的关系可用下式表示：

$$[\alpha]_\lambda^t = \frac{\alpha}{c \cdot l}$$

式中，α是由旋光仪测得的旋光度；λ为所用光源的波长；t为测定时的温度；c为溶液的浓度，以每毫升溶液中所含溶质的克数表示，l为盛液管的长度，以分米表示。当c和l都等于1时，则$[\alpha]_\lambda^t = \alpha$，因此比旋光度的定义是：在一定温度下，光的波长一定，1mL 溶液中含有 1g 旋光性物质时，放入 1dm 长的盛液管中测出的旋光度。

在测定旋光度时，一般以钠光灯作光源，波长是 589.3nm，通常用 D 表示。例如，葡萄糖的比旋光度为$[\alpha]_D^t$，表示测定葡萄糖旋光度时，是在 25℃，以钠光灯作光源，然后通过公式计算出比旋光度是 52.5°，同时表示其旋光方向为右旋。

比旋光度像物质的熔点、沸点、密度等一样，是重要的物理常数，有关数据可在手册和文献中查到。如果待测的旋光性物质为液体，可直接放在盛液管中进行测定，不必配成溶液，但在计算比旋光度时，需把公式中的 c 换成该物质的密度 d。

通过旋光度测定，可以计算比旋光度；根据比旋光度，也能计算被测物质溶液的浓度。例如：有一物质的水溶液（浓度为 5g/100mL）在 1dm 长的管内，它的旋光度是－4.64°，按照上面公式计算，它的比旋光度应为

$$[\alpha]_\lambda^t=\frac{-4.64}{1\times 5/100}=-92.8$$

果糖的比旋光度为－93°，因此我们可以说该未知物可能是果糖。

3. 分子手性与旋光性

前面提到有些化合物具有旋光活性，而有些化合物却无旋光活性，物质的旋光性与分子结构有什么关系呢？

人们在寻找旋光性与化学结构的关系时发现，如果物质的分子和它的镜像不能重合，这种物质就有旋光性；反之，如果物质的分子与它的镜像能够重合则不具有旋光性。物质分子不能与镜像重合，就像我们的左右手一样，看起来一样，但不能完全重合，因此我们把这种现象称为手性。所以也可以说手性是物质具有旋光性的必要条件。具有手性的分子称为手性分子，要判断一个分子是否具有手性，必须考虑其对称因素（如对称面、对称中心等）。具有对称面、对称中心的分子，与其镜像能够完全重叠，是非手性分子，因此无旋光性。一般情况下，如果物质在分子结构上不具有对称面、对称中心，该分子就为不对称分子，这种物质就具有手性，也具有旋光性。因此，物质的旋光性和分子的对称因素有关，只有结构上不对称的分子才具有旋光性。

使分子成为手性的因素很多，如手性中心、手性轴、手性面等，大多数化合物有手性中心，且其手性中心为不对称碳原子，即手性碳原子。我们把与四个不相同的原子或基团相连的碳原子称为手性碳原子（手性碳原子都是 sp^3 杂化的饱和碳原子）。除手性碳原子外，还有手性硅原子、手性硫原子、手性氮原子等。因此，我们根据物质的分子结构是否有手性，就可推测是否有旋光性。

附录五 WZZ—T 投影式自动旋光仪

1. 用途及特点

旋光仪是测定物质旋光度的仪器，通过旋光度的测定，可以分析物质的浓度、含量及纯度等。WZZ—T 投影式自动旋光仪可广泛应用于有机化学、医药、制糖、食品等科研和生产的各个领域。

本仪器是基于光学零位原理的自动旋光仪。单色钠黄光依次通过起偏器、样品室、检偏器到光电倍增管，起偏器和检偏器相互处于光学零位位置。当具有旋光性的光学活性物质放入处于样品室中的光路中时，伺服系统驱动检偏器，以获得新的光学零位位置。转过的角度用投影方法在投影屏幕上自动地清晰显示出来。

本仪器结构坚实，操作简便，高精度的无传动误差的光学度盘使测数准确。Yi仪器具有能测量深色样品，直至废糖蜜之类溶液的性能。

本仪器按在投影屏幕上的示值单位分为 WZZ—T_1与 WZZ—T_2两种。WZZ—T_1示值单位为旋光度；WZZ—T_2示值单位为国际糖度单位(26g/100ml)。

2. 仪器的结构及原理

仪器的工作原理方块图如附录图 5-1 所示。

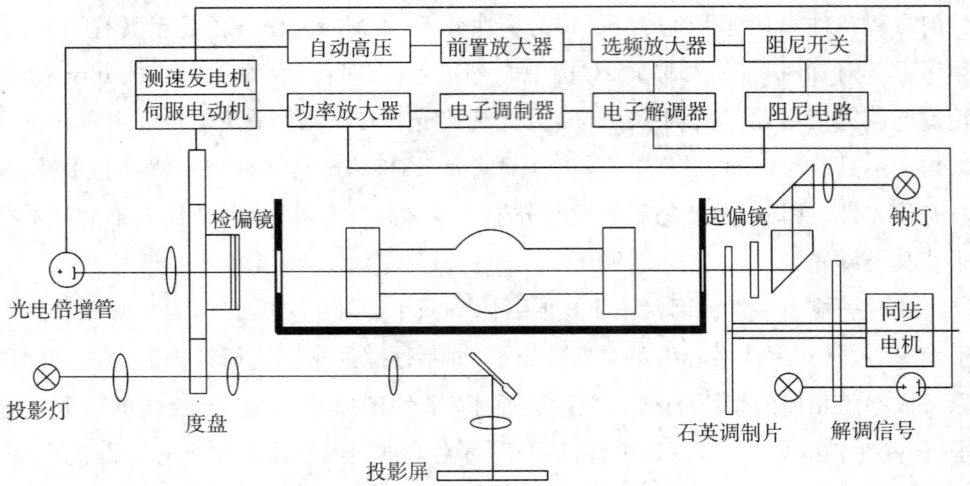

附录图 5-1 原理方块图

20W 钠光灯、小孔光栏、物镜组成一个准直光组，形成一束钠光光束。此光束经过起偏镜后，成为平面偏振光。射入石英片光学调制器，石英调制片是两个厚度为 0.8mm 的旋光石英半圆片，由 1500 转/分的同步电机带动。平面偏振光束以 25 周的频率交替通过正石英和负石英，由于石英具有旋光性，经过调制后的平面偏振光以 25 周的频率±15°的幅度交替改变着振动平面方向。被调制后的平面偏振光先后经过样品室、检偏器、滤色片，进入光电倍增管。

在光学零位时（即通过检偏器的偏振光无 25 周的光强变化，解调器输出零电平，电学调制器无 50 周的交流输出），伺服电机不会转动。此时，若置有旋光性的样品于试样室中，光电倍增管检测出的合成信号由一个直流分量和一个 25 周的交流分量叠加而成。此交流分量的大小决定于样品的旋光角度。交流分量的相位取决于样品的旋光方向，交流分量经前置放大、选频大后，由解调器解调为直流电平，然后由电子调制器调制成 50 周的交流电压，经功率放大后，驱动伺服电机。伺服电机转动检偏器，使之趋于光学零位位置，当重新达到光学零位位置时，伺服电机停止转动。检偏器转动的角度就是样品的旋光角度，转动方向，即为旋光方向。在投影屏上读取与检偏器同轴安装的精密光学度盘的角度值，即可测得样品旋光方向和旋光角度值。

仪器正反面结构如附录图 5－2、附录图 5－3 所示。

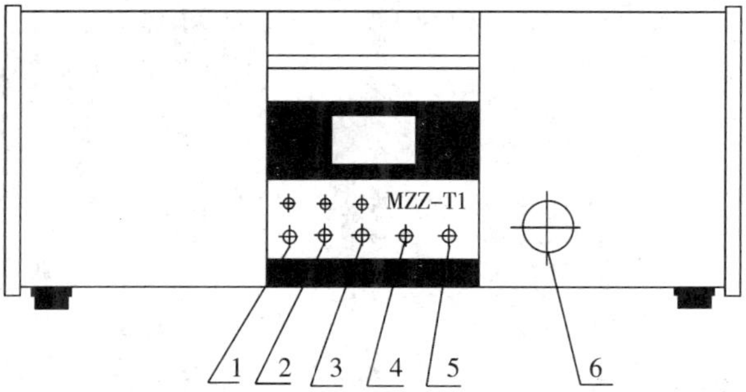

附录图 5－2　仪器正面视图

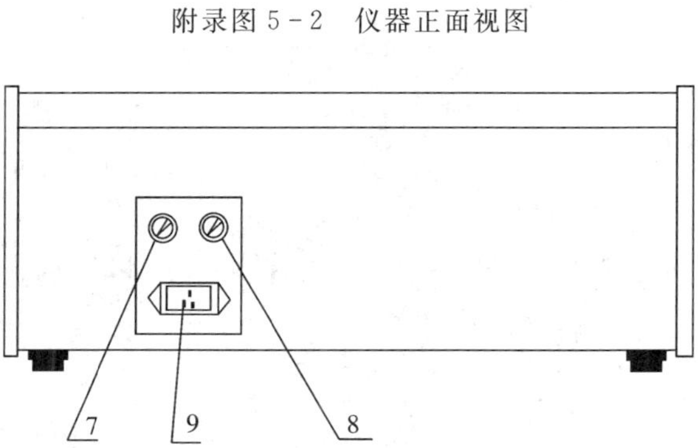

附录图 5－3　仪器反面视图

3. 各开关标号的名称和作用

(1)电源开关

开关板向上,接通电源,指示灯亮,钠灯起辉。

注意:在打开电源开关1时,光源开关3应处于起辉·保持位置,否则钠灯不能起辉。

(2)测量开关

开关板向上,位于此开关上方的指示灯亮,整个仪器处于工作状态。钠灯仍处于交流供电状态。

(3)直流,起辉·保持光源开关

开关向下,起辉·保持,使钠灯可由交流触发而起辉;开关板向上,位于此开关上方的指示灯亮,钠灯由交流供电转为直流供电。

(4,5)左右复测按钮

按下按钮,可使检测器分别向左或向右偏离光学零位位置。

它的作用是:通过观察左、右复测示数值之差,可以检查仪器的性能是否正常;若取左右复测两次读数的平均值作为测量结果,可提高测量的正确程度;当测量强烈吸收的深色样品时,光讯号将明显降低,此时,可用左右复测所得示数值来判断检偏器是否能平衡到光学零位。取平均值的方法可提高仪器对样品色度的适应性。

(6)调零手轮

当置空白溶剂于试样室光路中时,转动调零手轮,可使投影屏上的读数精确归零。

(7)总熔丝管

(8)钠灯熔丝管

(9)电源插座

4. 仪器的使用方法

仪器的操作步骤如下:

(1)安放仪器

本仪器应在正常的照明,室温和湿度条件下使用。防止在高温、高湿的条件下使用,避免经常接触腐蚀性气体,否则将影响使用寿命。承放本仪器的基座或工作台应牢固,稳定,并大致安平。

(2)接通电源

注意:通电前开关1、2、3均应板向下。

将随机所附之电源线一端接 220V、50Hz 电源，(最好是稳压电源)，另一端插入仪器背后的电源插座中。

(3)打开电源开关 1

在开关 3 位于“起辉·保持”位置的情况下，将开关 1 板向上，钠灯起辉。

(4)等待

等待 15～20min，使钠灯灯发光稳定。

(5)打开“测量”开关 2

此时，仪器已可进行测量。

(6)打开“直流”开关 3

开关板向上，即由“起辉·保持”转向“直流”。此时钠灯由交流供电转向直流供电。使示数更为稳定。至此，仪器已处于最佳的测量状态之中。

(7)准备试管

(8)调零

在已准备好的试管中，注入蒸馏水或空白溶剂。放入仪器试样室的试样槽中。转动调零手轮，使投影屏上之示值为零。

(9)测试

除去空白溶剂，注入待测样品。将试管放入试样室的试样槽中。仪器伺服系统动作，投影屏上将显示读数值，读取读数(读数方法详见读数一节)。

(10)复测

分别按下左、右复测按钮，并读取读数。取几次测量的平均值作为测量结果。

(11)保持

一次测量完毕后，若须间隔一段时间再测，可将开关 3 由直流转向起辉·保持，接着将开关 2 板向下，此时自动平衡停止工作，仅钠灯在交流电下保持点燃，这样，可节约重新点燃钠灯所需的约二十分钟时间，并延长钠灯的寿命。倘若测试工作十分繁忙，当然不必进行上述保护性操作，仪器可一直处于工作状态。倘若须间隔很长时间再行测试，则可关机，不必保持钠灯点燃。

(12)复位

当样品旋光角大于测量范围±45°时，系统在 45°处振荡，操作者可以在投影屏上看到读数大幅度来回变化，此时应取出样品，仪器将自动恢复零位。

(13)温度修正

本仪器使用时，应力求在 20℃左右的情况下使用。对于旋光温度系数大的测试样品，应测定测试时的样品温度，然后按温度系数和温差值进行修正。

仪器的读数方法如下：

(1)WZZ—T_1的读数(见附录图 5-4)

示数为旋光度。用光学游标读数，度盘刻线每格 0.1°，籍游标可细读到 0.01°。

在投影屏上可以看到在暗背景下的明亮的度盘刻线像和游标刻线像。两像之间有暗带隔开。当某一游标刻线对准某一度盘刻线时，将有一明亮的标线把二者连接起来。直观地显示游标读数值。度盘示数为“＋”时，用“＋”游标，示数为“－”时，用“－”游标。

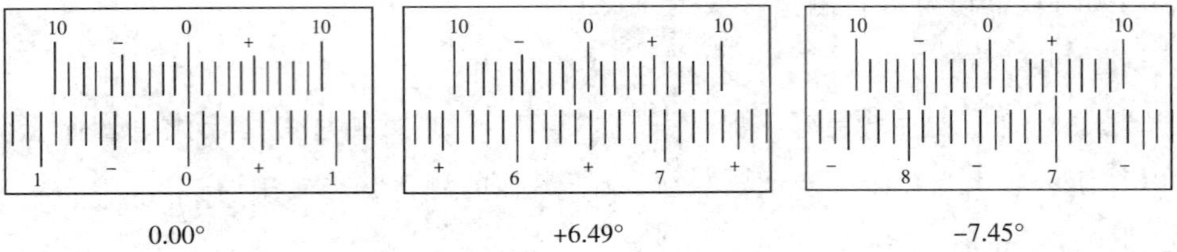

附录图 5-4　读数原理图

(2)WZZ—T_2的读数(见附录图 5-5)

示数为糖度。在投影屏上可以看到在明亮的背景上的黑色的度盘刻线像和测微尺刻线像。

度盘每格为 1°Z，测微尺把 1°Z 分成 10 等分，因而利用测微尺可直读到 0.1°Z。测微尺有足够的视间隔，保证可以可靠地细读到 0.02°Z。示数为“＋”时用“＋”测微尺，示数为“－”时用“－”测微尺。

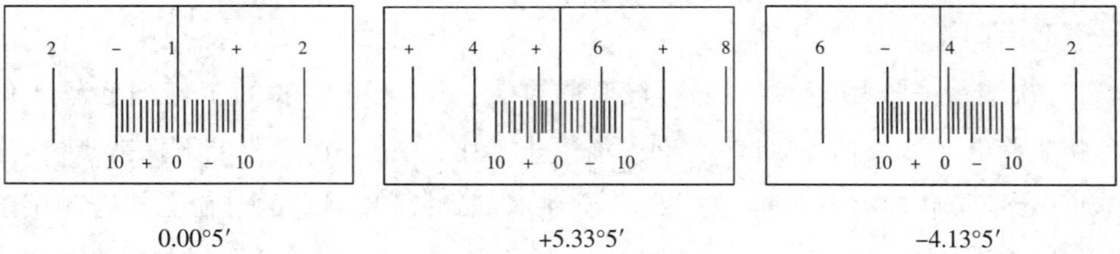

附录图 5-5　读数原理图

5. 常见故障及处理方法

(1)投影屏上没有示数，一般是因为投影灯接触不良或投影灯损坏。

(2)钠灯不起辉。首先检查操作方法是否正确，并按正确的操作步骤，重新点燃钠灯，若仍不起辉，应检查电源保险丝及钠灯是否损坏，如更换后钠灯仍不亮，则需进一步检修电器线路。

(3)观察示数是否左右晃动，若晃动，可检查电网电压是否波动过大。其次观察钠光灯是否有明显闪耀现象，若有，更换钠灯；若都正常，则可调印板 16 上的电位器，降低增益，增加阻尼。

(4)观察读数灵敏度，重复性。

按若干次左右复测按钮，并观察每按一次的示数。倘若无变化或变化甚小，则说明读数重复性、灵敏度均符合要求，否则调印板 16 上的电位器，提高增益，减少阻尼。

(5)示数准确性检查。

测标准石英旋光管之旋光角，所得结果应与石英管标称数一致。否则通过调整滤色镜位置校正到允许误差范围之内。标准石英旋光管须向厂家另行订购。检查准确性也可用新鲜的高纯度蔗糖配置溶液来考核。

检修仪器打开仪器罩壳，可按如下步骤进行：

① 拧去固定外壳的固定螺钉，拧去调零手轮的固定螺钉，向外拔出调零手轮后，即可从机体上分别取下各块外壳构件。必要时也可取下面板，但应注意不要拉断与面板相连的电线。不必取下试样室盖。

② 拆去仪器外壳，仪器内部结构如附录图 5－6、附录图 5－7 所示。

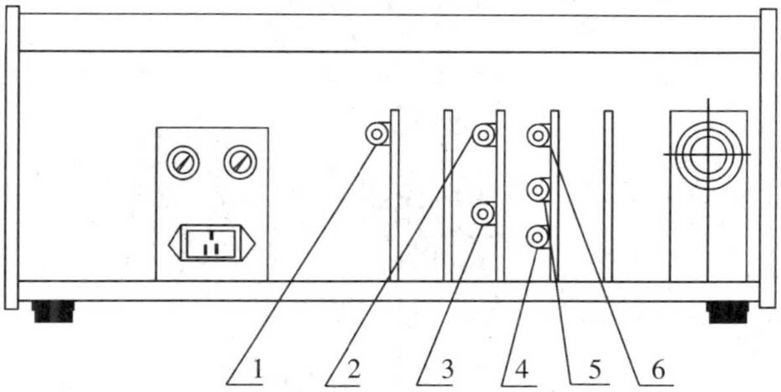

附录图 5－6　仪器背视结构图

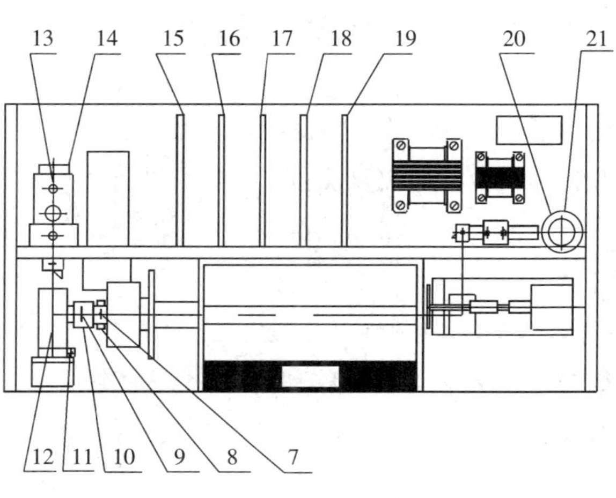

附录图 5－7　仪器俯视结构图

简单的维修操作说明如下：

(1)更换投影灯

投影灯不亮，如果不是接触不好，应更换投影灯。拧松投影灯座的固定螺钉 13，

拉出投影灯座 14，即可更换投影灯。

(2)更换钠灯

拆去仪器右侧板上的通风板。拧出钠灯座固定螺钉，可连同钠灯 21 一起取出钠灯座 20，即可更换钠灯。

注意：重新安装钠灯时，应使钠灯之发光管基本对准小孔，否则将影响仪器灵敏度。

(3)灵敏度、稳定性调节

仪器左后方有 5 块直立的线路板 15、16、17、18、19，分别为功放、解调及电学调制、前置放大与选频、电源、光源及高压印板。在 16 上有上、中、下三只电位器，在板 17 上有两只电位器，在板 19 上有一只电位器，其作用分别为：

① 印板 16 上面电位器 6—增益调节；

② 印板 16 中间电位器 5—偏置调节；

③ 印板 16 下面电位器 4—阻尼调节；

④ 印板 17 上面电位器 2—非线性控制调节；

⑤ 印板 17 下面电位器 3—高压调节；

⑥ 印板 19 电位器 1—钠灯直流电流调节。

灵敏度过高，示数不断在左右晃动：调节印板 16 上面电位器 6，使增益降低，或调节印板 16 下面电位器 4，使阻尼增加。

灵敏度过低，示数重复性差：调节印板 16 上面电位器 6，使增益增加，或调节印板 16 下面电位器 4，使阻尼减少。

印板 19 上的电位器 1：控制钠灯电流在 1.2～1.3A。

在旋动电位器的同时，应同时按复测按钮观察仪器性能，以判断是否达到调整效果。

(4)示数准确性调节

在 8 内装有滤色片，前后移动滤色片能改变透过光波的光谱中心，因而改变旋光测数，松开紧固螺钉 7，就能使 8 前后移动，移动中寻找到能使石英标准旋光管得测数值与标称值相符的位置后，再将紧固螺钉 7 固定。

(5)更换光电倍增管

必须在关机时进行,光电倍增管型号为GDB31(GDB—142),松螺钉9,把遮光套10推向右方。松螺钉11,旋出倍增管套12,此时已可看到光电倍增管,拔出光电倍增管,即可更换。

注意:重新安装时,应保证遮光套10在倍增管套12转动时不接触,否则将影响性能。未安装遮光套前,禁止打开"测量"开关,否则将损坏光电倍增管。

(6)测深色样品

本仪器的显著优点是能够测量深色样品,这是借倍增管高压自动随光强变化而调整实现的。因此,要求杂散光不得进入光电倍增管内,为此,在维修中拆动的各遮光套,务必仍然装好,否则将影响深色样品的性能。

当被测样品透过率等于或近于1%时,由于光能量太弱,示数可能左右摆动,但摆动中心基本不变,此系正常现象。

附录六　阿贝折射仪

根据折射定律，入射角 α 和折射角 β（见附录图 6－1）之间有下列关系：当光线从介质 1 进入介质 2 时，则

$$\frac{\sin\alpha}{\sin\beta}=\frac{v_1}{v_2}=n_{1,2}$$

式中，v_1，v_2 分别为光在 1，2 两介质中的传播速度；$n_{1,2}$ 是介质 2 对于介质 1 的相对折射率。折射率为物质的特性常数，对一定波长的光在一定温度压力下，是一个定值。

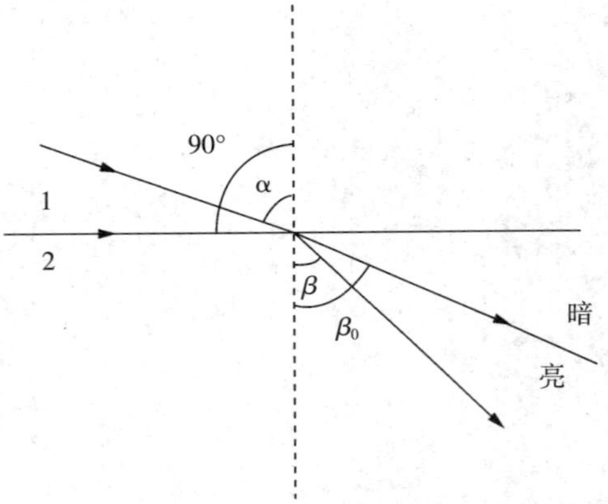

附录图 6－1　光的折射

由上式可知，当 $n_2>n_1$ 时，则折射角 β 恒小于入射角 α。当入射角 α 增加到 $\pi/2$ 时，折射角相应地增加到最大值 β_0，β_0 称为临界折射角。显然，从图中法线左边入射的光线折射入第二种介质内时，折射线都应落在临界折射角 β_0 之内。这时若在 M 处放一目镜，则会见镜上出现半明半暗。从上式可以看出，当固定一种介质时，临界折射角 β_0 的大小和折射率有简单的函数关系。阿贝折光仪就是根据这个原理设计的（见附录图 6－2）。附录图 6－3 是仪器构造的示意图。它的主要部分为两块直角棱镜 5、7，棱镜 5 的粗糙表面与 7 的光学平面镜之间约有 0.1mm 到 0.15mm 的空隙，用于装待测液体并使在 5、7 间铺成一薄层。光线从反射镜射入棱镜 7 后，由于 AD 面是粗糙的毛玻璃而发生漫射，从各种角度透过缝隙的被测液

体;进入棱镜 5 中,由前所知,从各个方向进入棱镜 5 的光线均产生折射,而其折射角都落在临界角 β_0 之内。具有临界角 β_0 的光线穿出棱镜 5 后射于目镜上,此时若将目镜的十字线调节到适当位置,则会见到目镜上半明半暗。这时从放大镜即可在标尺上读出液体的折射率。

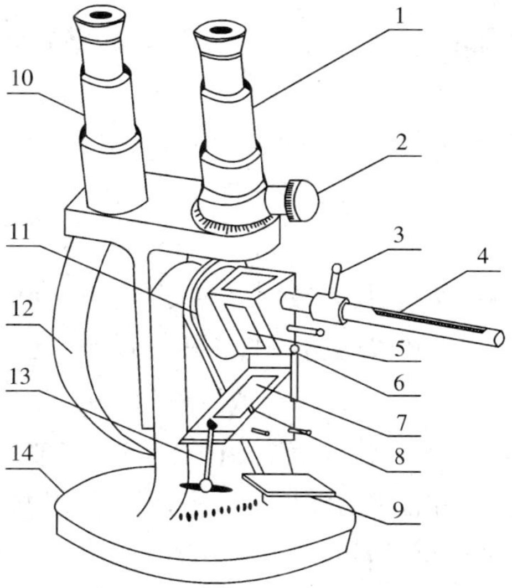

附录图 6-2 阿贝折射仪外形图

1. 目镜;2. 消色散手柄;3. 恒温水入口;4. 温度计;5. 测量棱镜;6. 铰链;7. 辅助棱镜;8. 加液槽

9. 反射镜;10. 放大镜;11. 转轴;12. 刻度盘罩;13. 闭合旋钮;14. 底座

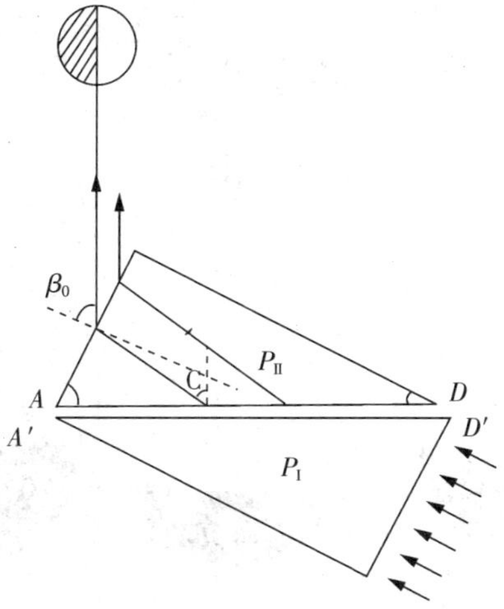

附录图 6-3 仪器构造示意图

在指定条件下，液体的折射率因所用单色光的波长不同而不同。若用普通白光作为光源，则由于发生色散而在明暗分界线处呈现彩色光带，使明暗交界不清楚。为了能用白光作光源，故在仪器中还装有两个各由三块棱镜组成的“阿密西”棱镜作为补偿棱镜（上面的一块“阿密西”棱镜可以转动），调节其相对位置，在适当取向时，可以使从下面的折射棱镜出来的色散光线重新成为白光，消除色带，使明暗界线清楚。此时，用白光测得的折射率即相当于用钠光 D 线（波长 589.0nm）所测得的折射率 n_D。

许多纯物质都具有一定的折射率，物质如果其中含有杂质则折射率将发生变化，出现偏差，杂质越多，偏差越大。

1. 使用方法

（1）仪器安装　将阿贝折射仪安放在光亮处，但应避免阳光的直接照射，以免液体试样受热迅速蒸发。将超级恒温槽与其相连接使恒温水通入棱镜夹套内，检查棱镜上温度计的读数是否符合要求，一般选用(20.0±0.1)℃或(25.0±0.1)℃。

（2）加样　旋开测量棱镜和辅助棱镜的闭合旋钮，使辅助棱镜的磨砂斜面处于水平位置，若棱镜表面不清洁，可滴加少量丙酮，用擦镜纸顺单一方向轻擦镜面（不可来回擦）。待镜面洗净干燥后，用滴管滴加数滴试样于辅助棱镜的毛镜面上，迅速合上辅助棱镜，旋紧闭合旋钮。若液体易挥发，动作要迅速，或先将两棱镜闭合，然后用滴管从加液孔中注入试样（注意切勿将滴管折断在孔内）。

（3）对光　转动手柄，使刻度盘标尺上的示值为最小，于是调节反射镜，使入射光进入棱镜组。同时，从测量望远镜中观察，使示场最亮。调节目镜，使示场准丝最清晰。

（4）粗调　转动手柄，使刻度盘标尺上的示值逐渐增大，直至观察到视场中出现彩色光带或黑白分界线为止（见附录图6－4a）。

（5）消色散　转动消色散手柄，使视场内呈现一清晰的明暗分界线（见附录图6－4b）。

（6）精调　再仔细转动手柄，使分界线正好处于×形准丝交点上（见附录图6－4c）。

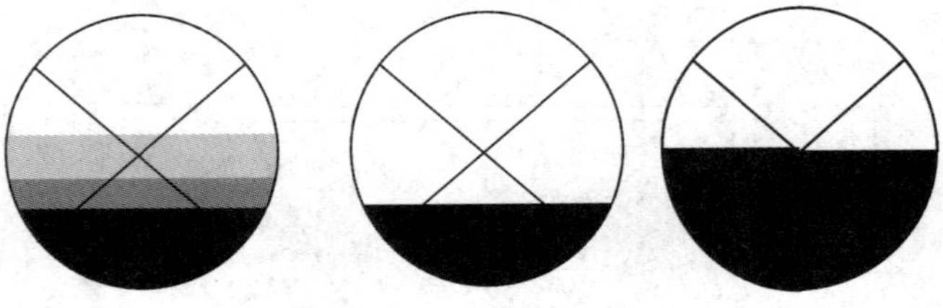

a)　　b)　　c)

附录图 6－4　目镜视图

(7)读数 从读数望远镜中读出刻度盘上的折射率数值。常用的阿贝折射仪可读至小数点后的第四位,为了使读数准确,一般应将试样重复测量三次,每次相差不能超过0.0002,然后取平均值。

(8)仪器校正 折射仪刻度盘上的标尺的零点有时会发生移动,须加以校正。校正的方法是用一种已知折射率的标准液体,一般为纯水,按上述的方法进行测定,将平均值与标准值比较,其差值即为校正值。纯水在20℃时的折射率为1.3325,在15℃到30℃之间的温度系数为-0.0001℃。在精密的测量工作中,须在所测范围内用几种不同折射率的标准液体进行校正,并画出校正曲线,以供测试时对照校核。

2. 注意事项

(1)使用时要注意保护棱镜,清洗时只能用擦镜纸而不能用滤纸等。加试样时不能将滴管口触及镜面。对于酸碱等腐蚀性液体不得使用阿贝折射仪。

(2)每次测定时,试样不可加得太多,一般只需加2~3滴即可。

(3)要注意保持仪器清洁,保护刻度盘。每次实验完毕,要在镜面上加几滴丙酮,并用擦镜纸擦干。最后用两层擦镜纸夹在两棱镜镜面之间,以免镜面损坏。

(4)读数时,有时在目镜中观察不到清晰的明暗分界线,而是畸形的,这是由于棱镜间未充满液体;若出现弧形光环,则可能是由于光线未经过棱镜而直接照射到聚光透镜上。

(5)若待测试样折射率不在1.3~1.7范围内,则阿贝折射仪不能测定,也看不到明暗分界。

3. 数字阿贝折光仪

数字阿贝折光仪的工作原理与上面讲的完全相同,都是基于测定临界角。它由角度一数字转换系统将角度量转换成数字量,再输入微机系统进行数据处理,而后数字显示出被测样品的折光率。下面介绍一种WAY-S型数字阿贝折光仪,其外形结构如附录图6-5所示。

该仪器的使用颇为方便,内部具有恒温结构,并装有温度传感器,按下温度显示按钮可显示温度。按下测量显示按钮可显示折光率。

4. 仪器的维护与保养

(1)仪器应放在干燥、空气流通和温度适宜的地方,以免仪器的光学零件受潮发霉。

(2)仪器使用前后及更换试样时,必须先清洗擦净折射棱镜的工作表面。

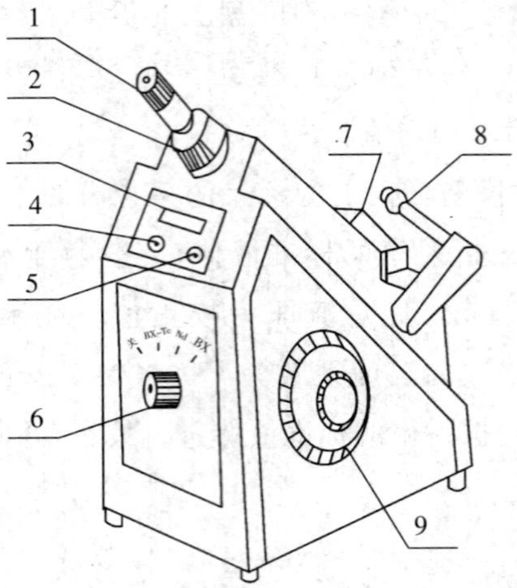

附录图 6-5 WYA-S数字阿贝折射仪结构示意图

(3)被测液体试样中不可含有固体杂质,测试固体样品时应防止折射镜工作表面拉毛或产生压痕,严禁测试腐蚀性较强的样品。

(4)仪器应避免强烈振动或撞击,防止光学零件震碎、松动而影响精度。

(5)仪器不用时应用塑料罩将仪器盖上或放入箱内。

(6)使用者不得随意拆装仪器,如发生故障,或达不到精度要求时,应及时送修。

附录七　常用数据表

表 1　国际元素相对质量表

原子序	名称	符号	元素的相对质量	原子序	名称	符号	元素的相对质量
1	氢	H	1.007 94(7)	24	铬	Cr	51.996 1(6)
2	氦	He	4.002 602(2)	25	锰	Mn	54.938 045(5)
3	锂	Li	6.941(2)	26	铁	Fe	55.845(2)
4	铍	Be	9.012 182(3)	27	钴	Co	58.933 195(5)
5	硼	B	10.811(7)	28	镍	Ni	58.693 4(2)
6	碳	C	12.017(8)	29	铜	Cu	63.546(3)
7	氮	N	14.006 7(2)	30	锌	Zn	65.409(4)
8	氧	O	15.999 4(3)	31	镓	Ga	69.723(1)
9	氟	F	18.998 403 2(5)	32	锗	Ge	72.64(1)
10	氖	Ne	20.179 7(6)	33	砷	As	74.921 60(2)
11	钠	Na	22.989 769 28(2)	4	硒	Se	78.96(3)
12	镁	Mg	24.305 0(6)	35	溴	Br	79.904(1)
13	铝	Al	26.981 538 6(8)	36	氪	Kr	83.798(2)
14	硅	Si	28.085 5(3)	37	铷	Rb	85.467 8(3)
15	磷	P	30.973 762(2)	38	锶	Sr	87.62(1)
16	硫	S	32.065(5)	39	钇	Y	88.905 85(2)
17	氯	Cl	35.453(2)	40	锆	Zr	91.224(2)
18	氩	Ar	39.948(1)	41	铌	Nb	92.906 38(2)
19	钾	K	39.098 3(1)	42	钼	Mo	95.94(2)
20	钙	Ca	40.078(4)	43	锝	Te	[97.9072]
21	钪	Sc	44.955 912(6)	44	钌	Ru	101.07(2)
22	钛	Ti	47.867(1)	45	铑	Rh	102.905 50(2)
23	钒	V	50.941 5(1)	46	钯	Pd	106.42(1)

（续表）

原子序	名称	符号	元素的相对质量	原子序	名称	符号	元素的相对质量
47	银	Ag	107.868 2(2)	76	锇	Os	190.23(3)
48	镉	Cd	112.411(8)	77	铱	Ir	192.217(3)
49	铟	In	114.818(3)	78	铂	Pt	195.084(9)
50	锡	Sn	118.710(7)	79	金	Au	196.966 569
51	锑	Sb	121.760(1)	80	汞	Hg	200.59(2)
52	碲	Te	127.60(3)	81	铊	Tl	204.383 3(2)
53	碘	I	126.904 47(3)	86	氡	Rn	[222.017 6]
54	氙	Xe	131.293(6)	87	钫	Fr	[223]
55	铯	Cs	132.905 451 9	88	镭	Ra	[226]
56	钡	Ba	137.327(7)	89	锕	Ac	[227]
57	镧	La	138.905 47(7)	90	钍	Th	232.038 06(2)
58	铈	Ce	140.116(1)	91	镤	Pa	231.035 88(2)
59	镨	Pr	140.907 65(2)	92	铀	U	238.028 91(3)
60	钕	Nd	144.242(3)	93	镎	Np	[237]
61	钷	Pm	[145]	94	钚	Pu	[244]
62	钐	Sm	150.36(2)	95	镅	Am	[243]
63	铕	Eu	151.964(1)	96	锔	Cm	[247]
64	钆	Gd	157.25(3)	97	锫	Bk	[247]
65	铽	Tb	158.925 35(2)	98	锎	Cf	[251]
66	镝	Dy	162.500(1)	99	锿	Es	[252]
67	钬	Ho	164.930 32(2)	100	镄	Fm	[257]
68	铒	Er	167.259(3)	101	钔	Md	[258]
69	铥	Tm	168.934 21(2)	102	锘	No	[259]
70	镱	Yb	173.04(3)	103	铹	Lr	[262]
71	镥	Lu	174.967(1)	104	轳	Rf	[261]
72	铪	Hf	178.49(2)	105	钍	Db	[262]
73	钽	Ta	180.947 88(2)	106	镨	Sg	[266]
74	钨	W	183.84(1)	107	铍	Bh	[264]
75	铼	Re	186.207(1)	108	镙	Hs	[277]

表 2　国际基本单位

物理量	单位名称	单位符号
长度	米	m
质量	千克(公斤)	kg
时间	秒	s
电流	安[培]	A
热力学温度	开[尔文]	K
物质的量	摩[尔]	mol
光强度	坎[德拉]	ed

表 3　公制重量单位表

单位名称	旧名称	代号	对主单位的比
毫克	公丝	mg	0.000001 公斤
厘克	公毫	cg	0.00001 公斤
分克	公厘	dg	0.0001 公斤
克	公分	g	0.001 公斤
十克	公钱	dag	0.01 公斤
百克	公两	hg	0.1 公斤
公斤	公斤,千克	kg	主单位
公担	公担	q	100 公斤
吨	公吨	t	1000 公斤

表 4　常用英美制重量单位表

1 英吨(长吨,ton)=2240 磅　1 美吨(短吨,sh. ton)=2000 磅　1 磅(1b)=16 盎司(oz)

表 5　常用重量单位换算表

	吨	公斤	市担	市斤	英吨	美吨	磅
吨	1	1000	20	2000	0.98421	1.1023	2204.6
公斤	0.001	1	0.02	2	0.000984	0.001102	2.2046
市担	0.05	50	1	100	0.04921	0.0551	110.231
市斤	0.0005	0.5	0.01	1	0.000492	0.000551	1.1023
英吨	1.01605	1016.05	20.3209	2032.09	1	1.12	2240
美吨	0.90719	907.19	18.1437	1814.37	0.8929	1	2000
磅	0.000454	0.4536	0.009072	0.9072	0.000446	0.0005	1

表 6　压力单位换算表

公斤/厘米²	大气压	水银柱高	度(毫米)	水柱高度(米)	毫巴	磅/寸²	英寸水柱
公斤/厘米²	1	0.9678	735.56	10	981	14.223	395
大气压	1.0333	1	760	10.3333	1013.25	14.696	407.5
水银柱高度(毫米)	0.00136	0.00131	1	0.0136	1.3332	0.0193	0.535
水柱高度(米)	0.1	0.0968	73.556	1	98.1	1.4223	39.4
毫巴	0.00102	0.000987	0.76863	0.0102	1	0.01451	0.402
磅/寸²	0.0703	0.068	51.715	0.703	68.95	1	27.72
英寸水柱	0.00254	0.00246	1.87	0.0254	2.49	0.0361	1

表 7　常用长度单位换算表

	米	厘米	毫米	市尺	英尺	英寸
米	1	100	1000	3	3.28084	39.3701
厘米	0.01	1	10	0.03	0.03281	0.3937
毫米	0.001	0.1	1	0.003	0.003281	0.03937
市尺	0.33333	33.333	333.33	1	1.0936	13.1234
英尺	0.3048	30.48	304.8	0.9144	1	12
英寸	0.0254	2.54	25.4	0.0762	0.08333	1

表 8　英寸与毫米对照表

寸	毫米	寸	毫米	寸	毫米	寸	毫米	寸	毫米	寸	毫米
1/16	1.588	9/16	14.29	17/16	26.99	25/16	39.69	8/17	53.98	8/25	79.38
1/8	3.175	5/8	15.88	9/8	28.58	8/13	41.28	9/4	57.15	4/13	82.55
3/16	4.763	11/16	17.46	19/16	30.16	27/16	42.86	8/19	60.33	8/27	85.73
1/4	6.35	3/4	19.05	5/4	31.75	7/4	44.45	5/2	63.5	7/2	88.9
5/16	7.938	13/16	20.64	21/16	33.34	29/16	46.04	8/21	66.68	8/29	92.08
3/8	9.525	7/8	22.23	11/8	34.93	8/15	47.63	11/4	69.85	4/15	95.25
7/16	11.113	15/16	23.81	23/16	36.51	31/16	49.21	8/23	73.03	8/31	98.43
1/2	12.7	1	25.4	3/2	38.1	2	50.8	3	76.2	4	101.6

表 9 常用容量单位换算表

	升(市升)	立方英寸	英加仑	美加仑(液量)	美加仑(干量)
升(市升)	1	61.0237	0.22	0.2642	0.227
立方英寸	0.0164	1	0.0036	0.0043	0.0037
英加仑	4.546	277.274	1	1.2009	1.0321
美加仑(液量)	3.7853	231	0.8327	1	0.8594
美加仑(干量)	4.4048	268.803	0.9689	101636	1

表 10 国际单位制中具有专门名称的导出单位

量的名称	单位名称	国际符号	中文符号	其他表示式例
频率	赫兹 hertz	Hz	赫	s^{-1}
力,重力	牛顿 newton	N	牛	$kg \cdot m/s^2$
压力,压强,应力	帕斯卡 pascal	Pa	帕	N/m^2
能量,功,热	焦耳 joule	J	焦	N · m
功率,辐射通量	瓦特 watt	W	瓦	J/s
电荷量	库伦 coulumb	C	库	A · s
电位,电压,电动势	伏特 volt	V	伏	W/A
电容	法拉 farad	F	法	C/V
电阻	欧姆 ohm	Ω	欧	V/A
电导	西门子 siemens	S	西	A/V
磁通量	韦伯 weber	Wb	韦	V · s
磁通量密度	特斯拉 tesla	T	特	Wb/m
磁感应强度				
电感	亨利 henry	H	亨	Wb/A
摄氏温度	摄氏度 degree Celsius	℃	摄氏度 *	K
光通量	流明 lumen	lm	流	cd · sr
光照度	勒克斯 lux	lx	勒	Lm/m^2
放射性活度	贝可勒尔 becquerel	Bq	贝可	s^{-1}
吸收剂量	戈瑞 gray	Gy	戈	J/kg
剂量当量	希沃特 sievert	Sv	希	J/kg

表 11 能量单位换算

尔格	焦耳	千克力·米	千瓦·时	千卡	升·大气压
1	10月7日	0.102×10^{-7}	0.102×10^{-7}	23.9×10^{-12}	9.869×10^{-10}
107	1	0.102	0.102	239×10^{-6}	9.869×10^{-3}
9.807×10^{7}	9.807	1	1	2.342×10^{-3}	9.679×10^{-2}
36×10^{12}	3.6×10^{6}	367.1×10^{3}	367.1×10^{3}	859.845	3.553×10^{4}
41.87×10^{9}	4186.8	426.935	426.935	1	41.29
1.013×10^{9}	101.3	10.33	10.33	0.024218	1

表 12 常用物理常数

常数	符号	数值	SI 单位
标准策略加速度	g	9.80665	m/s^2
光速	c	2.9979	10^8 m/s
普朗克常数	h	6.6262	10^{-34} J·s
波耳兹曼常数	K	1.3806	10^{-23} J/K
阿佛加德罗常数	N_A	6.0222	10^{23} mol
法拉第常数	F	9.64867	10^4 C/mol
电子电荷	e	1.60219	10^{-19} C
电子静质量	m_e	9.1095	10^{-31} kg
质子静质量	m_p	1.6726	10^{-27} kg
玻尔半径	a_0	5.2918	10^{-11} m
玻尔磁子	μ_B	9.2741	10^{-24} J/T
核磁子	μ_N	5.0508	10^{-27} J/T
理想气体标准体积	V_0	22.4136	m^3/kmol
气体常数	R	8.31434	J/mol·K
		1.9872	Cal/molK
		8.2056	10^{-2} m^3·atm/kmol·K
水的冰点		273.15	K
水的三相点		273.16	K

参 考 文 献

[1]黄震,周子彦.物理化学实验.北京:化学工业出版社,2009.

[2]张洪林,杜敏.物理化学实验.青岛:中国海洋大学出版社,2009.

[3]徐瑞云.物理化学实验.上海:上海交通大学出版社,2009.

[4]王爱荣.物理化学实验.北京:化学工业出版社,2008.

[5]向建敏.物理化学实验.北京:化学工业出版社,2008.

[6]冯鸣,梅来宝.物理化学实验.北京:化学工业出版社,2008.

[7]何广平,南俊民.物理化学实验.北京:化学工业出版社,2008.

[8]崔黎丽.物理化学实验.北京:人民卫生出版社,2007.

[9]康艳珍,王丽芳.物理化学实验.北京:化学工业出版社,2007.

[10]华南理工大学生物理化学教研室.物理化学实验.广州:华南理工大学出版社,2006.

[11]夏海涛.物理化学实验.南京:南京大学出版社,2006.

[12]物理化学教研室.物理化学实验.南京:南京理工大学印刷厂,2005.

[13]武汉大学化学与分子科学学院.物理化学实验.武汉:武汉大学出版社,2004.